U0197106

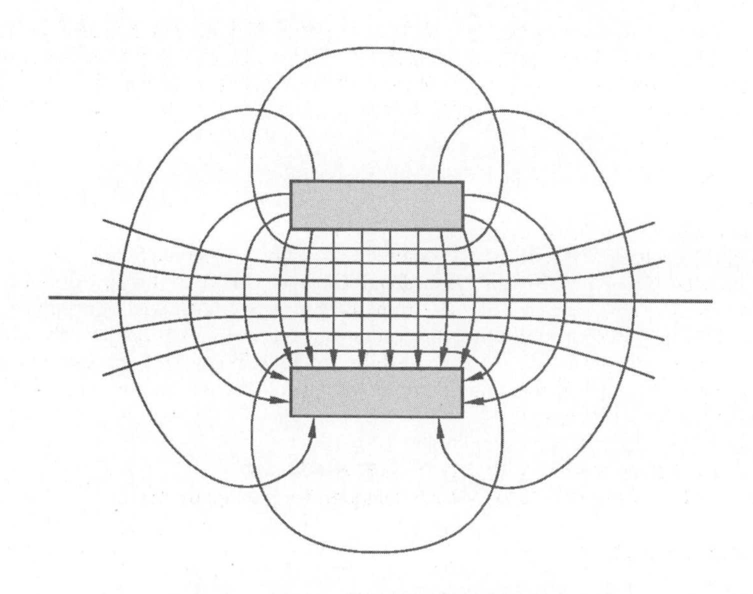

# Grounding and Shielding

Circuits and Interference, Sixth Edition

# 接地与屏蔽技术

## 电路与干扰

（原书第6版）

[美] 拉尔夫·莫里森（Ralph Morrison）著
王艳玲 朱前成 译

清華大學出版社
北京

北京市版权局著作权合同登记号　图字：01-2018-2293

## 内容简介

本书从物理学基础知识出发，深入阐述电子系统设计中的模拟电路与数字电路的设计要点，并进一步论述了如何利用电磁场的基本理论处理接地与屏蔽技术，以减少电子系统中的干扰。全书内容包括电压与电容、磁场、数字电路、模拟电路、公用电源与设备地、辐射屏蔽等。

本书适合作为电气与电子工程学科的基本教材，也适合作为从事电气与电子系统研发的工程技术人员参考书。

Grounding and Shielding：Circuits and Interference，Sixth Edition
Ralph Morrison
ISBN：9781119183747


**图书在版编目(CIP)数据**

接地与屏蔽技术：电路与干扰：原书第6版/(美)拉尔夫·莫里森(Ralph Morrison)著；王艳玲，朱前成译.—北京：清华大学出版社，2020.7 (2025.3 重印)
(清华开发者书库)
书名原文：Grounding and Shielding：Circuits and Interference，Sixth Edition
ISBN 978-7-302-55912-2

Ⅰ.①接…　Ⅱ.①拉…②王…③朱…　Ⅲ.①接地保护装置②屏蔽　Ⅳ.①TM774②TN721.4

中国版本图书馆 CIP 数据核字(2020)第118038号

**责任编辑**：盛东亮　钟志芳
**封面设计**：李召霞
**责任校对**：李建庄
**责任印制**：沈　露

**出版发行**：清华大学出版社
**网　　址**：https://www.tup.com.cn，https://www.wqxuetang.com
**地　　址**：北京清华大学学研大厦A座　　**邮　　编**：100084
**社 总 机**：010-83470000　　**邮　　购**：010-62786544
**投稿与读者服务**：010-62776969，c-service@tup.tsinghua.edu.cn
**质量反馈**：010-62772015，zhiliang@tup.tsinghua.edu.cn
**课件下载**：https://www.tup.com.cn，010-83470236
**印 装 者**：三河市龙大印装有限公司
**经　　销**：全国新华书店
**开　　本**：186mm×240mm　　**印　　张**：11.75　　**字　　数**：186千字
**版　　次**：2020年9月第1版　　**印　　次**：2025年3月第4次印刷
**印　　数**：6501～7500
**定　　价**：69.00元

---

产品编号：079473-01

# 译者序

FOREWORD

现在，随着数字时钟频率的不断提高，各种电子系统的干扰变得越来越严重。如何正确处理电子系统中的接地和屏蔽是电子系统设计中迫切需要解决的问题。

作者从基本的物理学知识出发，分析了电子系统设计中电路理论所没有涉及的表现电路的几何信息，分析了各种电子系统中的接地及屏蔽方法。第1章介绍了电压与电容；第2章介绍了磁场；第3章介绍了数字电路；第4章介绍了模拟电路；第5章介绍了公用电源及设备地；第6章介绍了辐射；第7章介绍了辐射屏蔽措施。

本书包含电子设计中的各种主题，如设施中电源配送、模拟和数字电路混合、高速时钟的电路板布线及符合辐射和敏感性的标准。本书注重电子系统干扰屏蔽和接地的实践，十分适合用作高校电子工程、电气工程、自动化等工程技术类相关专业的参考教材，还可用作电子系统设计人员的参考书。本书的特点如下：

- 内容新颖：从物理学角度分析了电路设计中电磁干扰及辐射的产生。
- 覆盖面广：包含了各种模拟电路和数字电路中的干扰、辐射的分析，电子系统中的变压器屏蔽的介绍，各种传输线、辐射和印制电路板设计的方法及技巧。
- 实用性强：一步一步引导读者建立一个无噪声的仪器系统，减小或消除大系统噪声的方法。
- 可读性强：简单实用地解释了物理场，每个章节的总结性结论便于读者理解和记忆。

本书主要由王艳玲和朱前成共同翻译完成，由王艳玲负责全书的统稿工作。对于本书的出版，我们首先要感谢清华大学出版社首席策划盛东亮和其他编辑人员，是他们的努力促成了本书的顺利翻译与出版发行，使读者能够通过本书分析电子系统设计中出现的各种干扰及其正确处理方法，掌握电子系统中的正确接地方法。同时也非常感谢本书第 5 版的译者李献博士，他对第 5 版的翻译资料的分享使本书得以快速完成出版。

在本书的翻译过程中，我们力求忠实于原著①，但由于译者技术和翻译水平有限，很多词句或许把握不够准确，导致书中难免存在各种不足，敬请读者批评指正，以便重印时改正。

译　者

2020 年 6 月于北京

① 本书中电路图中元器件符号遵照英文原书。——译者注

# 前言
PREFACE

一本销售长达50年且有6个版本的书肯定是独一无二的。我要感谢John Wiley & Sons陪我度过了这么多年。我要感谢我的新编辑Brett Kurzman为我找到了一份合同。我要感谢我的妻子伊丽莎白一直以来的支持。我要感谢所有这些年来一直支持我的读者。如果没有NXP半导体公司的丹·比克的催促，就不会有第5版，更不会使第6版成为可能。为此，我欠他一个“谢谢”。我一直在想如何使这个版本更有效，我觉得我的开场白是关键。我需要讲述这个故事，这样读者才会明白我的做法。

“接地(grounding)”和“屏蔽(shielding)”有许多含义。对于以英语为母语的人来说，ground这个词可以包括多种含义，如磨碎咖啡(coffee grounds)、解雇理由(grounds for dismissal)、游乐场(play grounds)、碎牛肉馅(ground round)或地面(ground floor)。shield这个词可以包括诸如挡风玻璃(windshield)、警徽(police badge)、金属盔甲(metal armor)或防护服(protective clothing)等含义。在电学上，接地可以指接大地、电池的负极、电路板上的导电平面、中性电导体或金属柜。人们经常把这些词与防止电干扰联系起来。书名旨在传达这一意义。本书的每位读者都将从与这些词相关的独特体验开始，这也是我写作此书的用意。

我参与电气接地和屏蔽领域的研究工作已经超过50年了。我对该领域的理解来自于我的经历、兴趣和教育。1967年以来，由于电子技术的不断变化，我每10年就重写这本书。此外，我一直在学习相关畅销书的写作方式。接地和屏蔽是一个重要的课题，因为它几乎涉及现代电气技术的方方面面。

首先，相对于电路容量来说，接地与屏蔽与导体的几何形状关系密切。进一步地讲，通过惯例传递的很多信息只是简单的知识，甚至有些是错误的或误导性的。

这意味着工程师常常有先入为主的想法，并且需要做一些工作把事情弄清楚。在某些情况下，用户必须遵循的基本规则被印在纸上时，很容易假定它们是有效的。不幸的是，并非所有的规则都是有效的或实用的。如果这些规则是错误的，那么反对权威会是非常令人沮丧的。学校并不开设社会需要的科目，工程师常常需要自己寻找答案。我还发现，质量控制人员将会遵循书面的规则，而不是一个外部工程师或作者的意见。他们尊重权威，这也是他们被期望做的。我有一些持续多年的争论仍受到质疑。仅凭这个事实，我就知道有些观点是根深蒂固的。

接地和屏蔽技术应用在大多数设计中。因为这不是一门精确的科学，所以对于在什么地方连接屏蔽和参考信号可能有多种方法。有的方法是很好的，通过复制以前的设计或口头讲授即可实现。在大多数情况下，不能通过简单的测试说明某种方法是否有效。我们可能知道如何测试一块电子硬件，但如何测试一幢建筑物却是另一回事。必须问自己：想做些什么测量？把电压探头放在哪里？即使可以进行测试，对大型系统来说改动也是非常困难的。在许多情况下，设计中的想法在某些范围下是有效的。一个对某事有误解的人可能会发现很难接受不同的解释，当许多不同的意见被提出时尤其如此。我发现，工程师对于新观点持怀疑态度，他们不知道相信什么或相信谁。另一个问题是，工程术语是不断变化的，有时有效的解释却达不到沟通的目的。接地和屏蔽这个主题介于贸易实践与物理学之间，内容广泛，这是一个不适合学术界的学科领域。对一些经理来说，接地技术似乎是一个技术人员的工作。在现实中，它往往是非常复杂的。由于这些原因，现在我想改写第 6 版，为今天的设计师传达一些信息，尽可能地将重点放在与主题相关的基本原理上来。我想用物理学作为解释的基础而不是让解释过于数学化。

我自认为在接地和屏蔽技术方面的见解是独到的。电路原理已经明确表明导体携带信号。事实上，导体引导能量场的流动，而能量场能够携带信号、干扰和操作部件。自然界并不区分这三种功能。我们确实需要电路来描述我们的想法，需要电路理论分析这些电路。当电路理论不够用时，我们需要应用基础物理学。我们必须把电源、信号和干扰区分开。我们需要认识到，几乎所有的电活动都发生在导体之间的空间中。本书的目的就是明确指出这个非常关键的想法是如何解决问题的。场传递的想法已经涵盖在物理学课程中。这些想法与实际设计之间的联系，在教材中和课堂上经常被忽略。导体之间的空间排列可以保持各个场的分离。导体几何的控制是设计者的工作，这是本书的核心。

本书不是对电路理论的介绍（假定读者已熟悉电路是如何工作的），也不是应用物理学导论，而是理论与实践相结合的一本书。教科书中所解决的问题与从事设计工作的新手所面临的问题完全不同。毕业后，周围没有老师可以求助。

通过直觉和过去的经验，我解决了很多实际问题。渐渐地，我的理解力增强了。随着时间的推移，很明显，我应该更多地使用我的经验，而不是我的直觉。这很容易说到却不容易做到。在现实世界中，问题必须被解决而不只是被研究。大多数问题是多维的，并不仅仅适合一个学科。在迷宫中找到一条路可能不是很有效的方法，但是人们并不能够经常做到用迷宫试验学习更多的知识。这需要时间，需要耗费资源。

我在大学里了解到了位移电流。直到我开始写"数字电路"这节内容之前，我才意识到这个概念的价值。然后我发现一种解释电流是如何流入传输线里分布电容的方法。在阅读相关文献时，我从未见过有关解释。我在本书中提出这个方法，希望它有助于读者解释真实世界。

现在看来本书第 5 版的第 1 章过于严肃，读者阅读起来有点吃力。即使我的初衷是好的，并且兴奋地进行了讲述，但是内容并不吸引人。为了改进，我决定结合我的一些经验开始写作第 6 版，说明为什么这个基本物理知识对于理解接地和屏蔽是至关重要的。我认为历史既有趣又有洞察力。

拉尔夫·莫里森

于加利福尼亚州圣布鲁诺

# 接地与屏蔽的研究历史

## RESEARCH HISTORY OF GROUNDING AND SHIELDING

1940年，十几岁的我组装了自己的晶体管检波收音机。我记得把公用电路（接地）连接到离电视机20英尺（1英尺＝0.3048米）远的水管上，导管穿过金属丝网纱窗的一个洞。我发现天线的路由是不同的，所以我一直尝试用不同的方法接收更多的电台。我几乎不知道耦合到发射的无线电信号的复杂性。这是我第一次接触到接地（接地线）。

我对电子学的兴趣扩展到研究收音机的工作原理，不久我就花时间在附近的收音机修理店学会了如何测试真空管。我收到了一台废弃的收音机作为礼物，收音机的塑料盒子被砸碎了，我打开扬声器，我有了自己的工作收音机。收音机有一个接地夹，暗示接地线可能会改善信号的接收。十几岁的时候，我的几个同学就已经掌握了业余无线电操作员的技能。他们讨论天线和发射器的接地问题。我借了一本ARRL（美国业余无线电转播联盟）手册，想了解一下他们的业余爱好，以及作为一名业余无线电广播员的意义。我只是一个观察者，因为我没有足够的资源进入这个圈子。

我18岁时在二战中被征召入伍。最后，我成为步兵部队的无线电修理工，在巴顿第三军穿越德国时修理无线电。我修理的收音机是不接地的，因为它们必须是可移动的。我再也没有考虑过接地问题。回国后，《退伍军人权利法案》给了我去加州理工学院攻读物理学士学位的机会。我记得上过电磁学课程，但是当时并没有意识到这门课对我将来的影响。我记得解微分方程的时候，接触到了麦克斯韦方程式。当时，我没有办法确定这些信息的重要意义，就好像我在读许多书中的诸多不同章节的第一段。

1949年毕业后，我开始在位于加利福尼亚州帕萨迪纳的一家应用物理公司做电子工程师。我的第一个老板是George W. Downs，一个受人尊敬的企业家。在战争期间，他曾担任原子能委员会高级顾问。在公司我有很多东西要学。公司产品包括示波器、静电计和分光光度计。我印象深刻的是公司尊重客户并且公司的产品包装精美。公司所有的产品都使用真空管，我第一次看到了“接地”。他们向我解释如何使用接地螺栓，收集所有在仪器中常用的引线，包括金属外壳、设备地、电力变压器次级线圈上的中心抽头、变压器屏蔽及各种公用电路。我被告知，在螺柱上按顺序放置这些导体很重要，他们找到了一种使仪器无噪声的解决方案。没人向我解释为什么这是最好的解决办法。在未来几年，这种星形接地结构将出现在非同寻常的地方。当时，我没有足够的技能去质疑这种接地方法。有多年经验的工程师都说产品性能良好，接地螺栓是建造这种产品的有效途径。然而，这不是一般的接地解决方案。提问没有有用的答案，我与其他人一样，使用常识，复制了其他产品中使用的程序，并在可能的时候进行了实验。我付出了劳动。

作为工程师，我的第一个任务是设计一个直流仪表放大器。这种仪器用于调节来自应变计、位置传感器和热电偶的信号。我展示了一个由RCA（美国无线电公司）开发的电路方案，使用机械斩波器校正直流漂移。我很快就沉浸在调节直流稳压电源、变压器、灯丝、管型选择和反馈的工作中。我设计了一个直流放大器的通道，包括一个超过70磅的电源。真空管需要几百伏特的电压工作，必须非常小心地调节这些电压。当我回顾那些日子，我可以看到电子仪器已经发展的程度，尤其是我必须学习什么。起初，没有屏蔽变压器，反馈技术还很原始，噪声是很大的问题，对信号隔离的理解也有限，有部分硒整流器不能起到很好的效果，直流放大器和真空管是绝对不匹配的。在那段日子里，这就是我所知道的全部了。差分放大和共模抑制技术当时我还不能理解。我的老板正在向我学习。我们必须开始工作。

二战后的一段时期我们见证了航天工业的发展。我曾做过模拟计算机的项目，这些计算机被卖给了道格拉斯、诺斯鲁普和洛克希德，帮助设计了第一架商用喷气式飞机。这些计算机的设计是基于我在加州理工学院完成的工作，包括开发的一些直流放大器。这个项目完成后，我们的仪器组被卖给一家从事变压器业务的公司。我们的第一个项目是开发高速记录示波器。这台机器的照相纸运行速度超过200英尺/秒。不用说，柯达公司很欣赏我们的业务。以毫秒的速度将纸张运行速度提高并不是容易的事。我设计了驱动检流计的放大器。我发现了使用公共电源为一组单端仪器供电所带来的限制。显然，每个信号通道使用单独的电源可以获得很多好处。为了迎接这个挑战，我开始研究新技术，降低成本，减小尺寸，避免使用公共电源。我发明了一种利用交流耦合和并联反馈网络制作直流仪器的方法。公司拒绝了我对新产品线的建议，但我认为我的新想法是切合实际的，于是我和其他两位工程师准备离开并组建一家新公司。我的老板实际上帮助我们实现了这种转变。

这家新公司被称为动态仪表公司，为航天领域制造仪表放大器。产品线是基于我提出的设计理念。我现在可以直接联系用户并开始理解他们的困境。在火箭试验台上，真空管电子装置必须安装在离火箭发动机和任何传感器数百英尺远的碉堡里。这意味着较长的电缆之间会产生电磁信号，引出了连接输入和输出信号电缆屏蔽的问题。我对如何处理这些问题有了一些想法，并写了一些文章。我把这些文章发给潜在客户。这些文章很受欢迎。很显然，当时关于在大型系统上将屏蔽连接到哪里的信息非常少。现在，当我回顾那个时期，我仍然有很多东西要学。我能看出这是个难题，无关公司规模。

我发现干扰是由输入导体中电源电流的流动引起的。记住，电力变压器的次级线圈上有几百伏电压。这种电流可以通过使用变压器屏蔽来限制。我建立了自己的电力变压器，致力于研究屏蔽。我的竞争对手建立了一个载波型差分直流放大器，使用机械调制器/解调器和多屏蔽输入变压器，允许输入和输出共用部分分开接地而不产生接地环路。我试图复制这种方法，但我在建立输入变压器时遇到了问题。相反，我使用新的可用的晶体管在后载流子变压器周围建立后调制器/解调器，并成功构建了一个宽带差分放大器。用机械调制器的方法构建的差分直流放大器具有100Hz带宽，我构建的具有10kHz带宽。我对适用于仪器放大器的“差分”这一概念有了一个新的定义。

我在这个设计中使用的电力变压器需要三个屏蔽。在圣迭戈有一家公司为我提供产品。有一天，我在电子杂志上看到这家公司正在提供所谓的“隔离”变压器，有四个屏蔽。在我拜访时，我问这家公司老板使用四个屏蔽的好处，他说不知道。然后我问他为什么要这么做，答案很简单：“他们卖得更好。”我曾帮助成立了一家新的企业，其基础业务是向配电变压器添加多个屏蔽。我用屏蔽使一个仪器工作，工业界决定使用这些相同的方法“清理”系统。他们找到了解决问题的办法。对我来说，多屏蔽解决方案只适用于一种设备。后面我将对这种屏蔽进行更详细的介绍。

我开始觉得我有一些重要的东西应该分享给其他工程师。我看到了屏蔽工作的模式，以及它们如何控制干扰电流的流动。这些都和我在学校里学过的静电学有关。所以我开始写书。我把手稿交给麻省理工学院的 Ernst Guilleman 博士，他很热情。然后，我向 John Wiley & Sons 的编辑 George Novotny 提交了一份手稿，让我吃惊的是，它出版了。1967 年，《接地与屏蔽技术》第 1 版面市了。

我的第一个模拟设计是对传送信号的电路板进行屏蔽，这是我在应用物理学上使用的方法。当我设计最后一个仪表放大器时，封装内没有一个屏蔽导体，电路板没有接地平面。我已经学会如何控制布局，这样就不需要屏蔽信号引线。我的方法很简单。我知道如何限制携带信号场的导体之间的区域，我可以在电力变压器附近运行信号，甚至可以避免 $1\mu V$ 的耦合。我设计的产品的噪声控制在理论极限水平，我的仪器带宽超过 100kHz。用户仍然需要屏蔽传感器与仪器之间的输入信号电缆。

出版这本书也为我提供了做咨询的机会。我现在被一些人当作专家接受了。销售仪器使我能够接触到许多军事和航天设施。这反过来又让我看到了他们如何使用仪器进行大型的安装。我开始看到规则和控制之间的冲突。我发现我的大部分建议没有得到遵守。工程师很高兴，因为产品性能比他们预想得好，而我很失望，因为情况不是很好。工程师被那些毫无意义的规则所束缚。例如，我发现他们已经收集了大量的输入和输出屏蔽，并进行单点接地。这是我在学习应用物理学时看到的星形连接，却应用在整个充满电子设备的建筑中。这说明在不被控制的情况下，知识可能造成损害。在早期的经历中，我希望我的声音会被听到。我很快就发现了人的惰性，他们会维持现状。这让人很失望。我的声音被礼貌地忽略了。当我想到这一点时，工程师几乎没有选择的余地。该系统没有被设计为可以接受任何步骤的更改。设计者来自不同的时代，他们写完了规则却没有考虑实际情况。

在经济低迷时期，我离开了动态仪表公司，在一家为电话行业制造外围测试设备的公司工作了几年。我们的新大楼有一个所谓的接地导体，被接入工程区。工程总监已经指定了设计中的标准做法。不知为什么，普遍的感觉是这是一个“安静”的接地连接,可以用来降低硬件测试中的噪声。我很难接受这种奇怪的逻辑,但我什么也没说。这个接地棒就像我在航空航天基地看到的一样。工程师似乎已经发现了一种新的物理学理论,即噪声从山上流入水坑,再也不会回来。这违反了我对电流在环路中流动的理解,但是这是有经验的工程师设计的。我想知道第一个用户是否会“污染”接地棒并将“污染”的接地棒给任何后续用户。在这家公司的几年里,我从未使用过这种“安静”的接地连接。

在光纤和微波传输出现之前,电话线路依靠铜线连接。整个国家被纵横交错的电线包围的情景令人印象深刻。为了降低成本,环形电路经常使用地球作为导体之一。这使得有必要在每个中心办公室提供良好的接地连接。工程主管只是遵循在电话行业中学到的良好实践规则。

在我的职业生涯中,我需要额外的收入。我注意到一家公司的“接地和屏蔽”研讨会。我联系了该公司合伙人 Don White 先生,建议我们可以合作,因为我出版了一本与研讨会主题相关的书。Don White 同意了,我参加了他的几次专题研讨会。在研讨会中,他把注意力集中在高频干扰的处理上,讨论了诸如 ESD(静电放电)、闪电、雷达、射频滤波器、辐射标准、同轴电缆和计算机设备中的接地平面等内容。尽管我曾经是一名物理学专业的学生,但我还有很多东西要学习。最后,我成功地掌握了这些术语,并且能够教授这些新主题的课程。我开始看到,模拟与 RF(射频)之间不是孤立的,这是一个连续的课题。他的课程让我了解工程师在高频接地和屏蔽时遇到的具体问题。我不具备辐射的设计经验。Don 的经验并不涉及仪器。Don 给了我很多咨询机会。显然,我有了出版新书的新材料。我还发现,在工业中,辐射的问题比我在处理放大应力、应变和温度信号时遇到的问题普遍得多。影响无线电和电视接收的辐射干扰已由 FCC(联邦通信委员会)管控。相比之下,影响应变计测量的干扰是比较小的。没有任何机构能够调节仪器的性能。我需要 Don 的帮助,但他不需要我的帮助。

住在南加州让我有机会进入航空航天工业,包括喷气推进实验室、飞机公司、爱德华空军基地以及金石。我有两个亲密的朋友,Warren Lewis 和 Fred Kalbach,他们是专职顾问。他们经常邀请我一起去实地咨询。Warren 投资于一家销售电力隔离变压器的企业。其中的一次旅行是在金石,当时雷电摧毁了配电变压器。这对

Warren 来说是个潜在的生意。金石是美国宇航局进行深空探测的天线所在地，它坐落在远离居住区的莫哈维沙漠。这种隔离位置是必要的，能避免自动点火噪声、电台和电视信号。深空天线及其相关电子设备结构复杂，这些深空天线几乎有足球场那么大。

来看为所有信号和屏蔽提供了单点接地的中心接地结构，它是一个导电棒，放置在一个深井中，该深井位于与每个建筑物等距的点上。每栋建筑物的配电变压器都进行接地。在这种配置中，如果雷击中靠近中心接地棒的任何地方，则分布变压器中绕组之间出现的电位差可能超过其额定击穿电压。这种事确实发生了，在夏季雷击毁掉了变压器。这是一个单点信号接地不可取的例子。在闪电时地球上可能发生的电位分布将在本书的后面讨论。

《国家电气规范》规定了向住宅和设施分配电力的规则。该规范是在银行和保险公司施压下制定的。如果不进行控制，就有太多的火灾和雷电事故。该规范不断修订，以反映最佳的实践应用。在 20 世纪 80 年代中期，我和 Warren Lewis 编写了 *Grounding and shielding in Facilities* 一书。这本书可以为电气规范提供理论基础。根据咨询经验，我发现工程师经常试图避免使用法规来解决干扰问题。如果流过中性线的干扰电流有问题，他们会促使中性线接地。我的工作是找到另一个解决问题的办法。在设施中不接地的中性线可能非常危险。规范确实允许这种做法，但只有在仔细控制的条件下才能这么做。

1991 年经济衰退，我决定卖掉我的一些生意。在卖掉生意后，我开始写作和参与研讨会。我接到了飞思卡尔公司[①] Dan Beeker 的电话，问我是否能在飞思卡尔论坛上发表演讲。他在图书馆的一本书上找到了我的名字。这次接触后，我们开始了持续到现在的长期合作。飞思卡尔从事半导体业务并为客户设计数字电路板。当这些电路板不工作时，客户会抱怨。飞思卡尔必须主动帮助解决问题，否则他们会失去客户。我和丹一起工作，给他们的客户举办讲座，强调传输线、能量运动和干扰的本质。Dan 用了一定时间终于领悟到板子上的空间比布线更重要。他非常有效地展示工程师如何避免电路板布局中的问题。通过努力，我加深了对多层印制电路板设计中关键问题的理解。

---

① 飞思卡尔公司现在是恩智浦(NXP)半导体公司。

我写了 *Digital Circuit Boards*：*Mach 1GHz* 一书并于 2012 年出版。基于对场的理解布局电路板是有效的。书中介绍了很多传输线能量流的内容。随着逻辑设计变得越来越快，加深对场的理解是必需的。

自然运动伴随着能量，能量会利用一切机会达到一个低势能状态。如果我们够聪明，可以利用自然完成需求。由于没有能量探测器，可以根据电压考虑能量。为了有效利用自然界能量，必须了解自然界能量是如何运动的。我们必须遵守自然法则，这是本书的主题。

在本书第 6 版中，为了尽量反映当前发展趋势，我对本书的内容进行了重新排序，在适当的地方添加了新内容，并删除了过时的内容。我希望这本书能帮助工程师更好地完成工作。

# 目录

CONTENTS

# 第1章 电压与电容

**本章导读**

本章描述了电场及其运动。电场描述了电荷之间的作用力。电场中的基本电荷是电子。当将电荷放在导电体表面时,这些力将电荷移动到最小势能的位置。在电场两点之间移动一个单位电荷所需的功就是两点之间的电压。电容器是用于存储电场能量的几何结构导体。使用电介质可以增强电容器存储能量的能力。使用两种测量电场的方法很方便,即将电荷产生的场称为D场,产生力的场称为E场。变化的D场表示空间中的位移电流。这种变化的电流会产生一个相关的磁场。在电容器的极板加上或去掉电荷时,这种位移电流就会流动。

## 1.1 引言

所有电路设计者都考虑过接地和屏蔽技术,所有电子设备使用者都碰到过电路干扰。随着技术的发展,如何解决这些问题变得越来越重要。寻找处理方法需要花费大量的时间——这就是笔者编写本书的原因。通过本书让读者了解到信号与感知是如何发生在模拟世界中的,并在数字世界中对采样的信号进行计算。

驾驶汽车旅行是很有趣的事。但是一辆好车也只有在拥有良好的基础设施——高速公路、桥梁、维修中心、加油站等的情况下才有意义。这个庞大的基础设施系统的各个部分必须协同工作才能使汽车有效运行。

本书试图把几个学科的知识体系结合在一起解读接地与屏蔽技术，这些知识体系包括物理学、数字电路、模拟电路、电力系统等。为了充分了解接地、屏蔽和干扰，我们必须在这些领域下功夫。

电路是如何工作的？一种回答是利用基尔霍夫定理对正弦电路进行分析得到的；另一种是采用逻辑电路进行状态分析得到的。这些只是所有答案的一小部分。完整的答案却隐藏在细枝末节之中。本书将对非电路方式的细节进行分析。采用这种方式是因为电路图及电路理论的本质特征必须撇开密切相关的细节而独立存在，但是这些细节对高频电路及小信号电路的性能非常重要。当涉及辐射、干扰及灵敏性问题时同样重要。线型、连接次序、元件方向及引线布置也常常是关键的细节。书中称这些细节为“电路几何”。这些几何细节与电路如何正常工作密切相关。几何形状在模拟电路、电源电路，特别是在数字电路时钟频率的上升沿中是一个未解决的议题。

当一个电路开始设计时，我们理应对许多细节进行分析。元件之间大部分是通过带状或者筒状的铜连接。元件焊接在孔型的焊盘或者铜焊盘上。印制电路板的不同层之间的走线通过孔连接起来。毫无疑问，这些就是电路设计中的细节。更多细节还包括走线的宽度、地平面或者环氧板的介电常数。大多数情况下，我们不会对所做的事情产生疑问，原因是我们认为有些事理所当然。电路以这种方式构造就可以工作，我们又何必要做一些改变？

想当然地做事情并不是一个优秀的工程师该有的。值得注意的是，过去 20 年间，数字电路的时钟频率从 1MHz 发展到 1GHz。时钟频率增长了 3 个数量级。想象一下当汽车的速度达到现在的 3 个数量级（即 600mile①/h 或者是喷气式飞机的速度）时会是怎样的情景。汽车的速度增加到一定的程度则需要大范围地改变城市道路，甚至扩大司机的培训范围。

电子学中，频率的增加没有构成安全隐患。但是，我们应该充分了解电路性能的差别。经常的情况是频率增加的影响没有被认识到，直到开始下一代的设计。要想了解这些影响，需要理解基本的原理。我们将要分析的这些细节不是以电路图或原理图的形式表示的，还要考虑这些细节对电路性能的影响。

---

① mile/h 为英里/小时，“英里”是一个非法定计量单位，1mile＝1.609km。

电子器件常常利用本地电网取电。基于安全的原因，电源装置必须接地到电网中的一个电力导线上。电子器件装置与电源连接要共享同样的地线，这样的结果导致了干扰的产生。后面的章节将会讨论电源与电路性能的关系。

电路图只是电路设计的结构。电路理论描述了电路的基本性能。电路符号只是复杂目标的简单描述。每一个电容都有一个串联电阻及电感。每一个电感都有一个串联电阻及并联电容。这些考虑的因素只是整个过程的开端。例如，高频时介电常数是非线性的。对于磁性材料，磁导率随着频率的增加而下降。因此电路符号只能表达有限的信息。更进一步，我们没有用来表达趋肤效应、传输时间、辐射或者电流线路的电路符号。电路图中的直线在实际的电路中可能是一个非常复杂的路径。总之，电路图几乎没有表达物理结构的信息。这就限制了我们了解实际工作状况。

许多电路及系统的性能与它们的构造密切相关。模拟电路的设计是如此，计算机的设计也是如此。我经常谈论到：电气连接是一个重要问题？在模拟电路中，屏蔽不仅仅是接地。一个典型的问题是，一个电路板的地平面如何与包围的机箱相连？这个问题的答案并不能从电路图中得到。我们将在数字电路章节中讨论这个问题。

在本书中，一个重复讨论的主题就是信号及电能在电路中是如何传输的。这种方式将会引导我们理解许多常常理解得不是很准确的问题。为了讨论电能及信号的传输，必须先讨论电场和磁场。讨论之前，我们先介绍电子。不要着急，花费在物理学上的时间将会使我们更容易理解本书后面章节的内容。

## 1.2　电荷与电子

电路理论可以得到一组互相连接的元件的电路电压及电流。对于 RLC（电阻-电感-电容）电路的分析可以直接利用基尔霍夫定理。这里，采用另一种方式讨论这个问题。为了更细微地理解电路性能，将采用基本的物理学去解释许多易于忽略的细节。首先讨论原子。

原子由原子核与围绕它的电子组成。质子和中子组成原子核。电子具有负电荷，它的电量与原子核中质子带的正电荷电量相等。中性原子中的正、负电荷的电量绝对相等。每一电子层的电子数量是固定且有限的。最外层的电子数量包含了原子的许多特性。举个例子，铜原子最外层电子数量为1。最外层电子具有很好的可移动性，从而参与电气活动。因为质子相对来说质量很重而且有外层的电子屏蔽，所以在电子学中认为它们没有直接参与电气活动。

分子由共用最外层电子的不同原子绑定在一起。对于绝缘体来说，绑定限制了最外层电子的可移动性。典型的绝缘材料有尼龙、空气、环氧树脂或者玻璃。如果两种绝缘材料在一起摩擦，例如丝绸布和橡胶棒，最外层电子移动性的不同将会引起一些电子从橡胶棒转移到丝绸布。在这种情况下，丝绸布所带的电子称为负电荷，橡胶棒所带的电荷为正电荷。我们称与负电荷相应的电荷为正电荷。实际上，正电荷的产生是由于原子核中的不能移动的质子与最外层的电子不一致而造成的。失去负电荷正如假设正电荷在绝缘体的表面一样。

通过实验可以证实，在带电体之间有自然力的存在。如果一个带电体排斥另一个，实际情况是这与电场有关系。如果还记得物理课程的实验，这些力可以用丝线悬挂的带电小球验证。这里给很轻的小球带上电荷，可以看到这些小球之间相互吸引或排斥。

上面涉及的任何实验的电子数量都是极其少的。为了证实这个观点，我想引用理查德·费曼的著述。两个人站在相距数英寸[①]的地方，如果每个人的电子数比质子数多1%，那么他们之间的斥力有多大呢？是否大于他们的体重？用这个力是否能抬起一座建筑？是否能抬起一座山？答案是令人吃惊的。这种力大到足以使地球偏离轨道。这就是为什么称重力为弱作用力而电子之间的力为强作用力。这同时也告诉了我们一些自然道理。参与电气活动的电子数量百分比是极其小的。我们知道电路中的力不能使元件或走线移动。很明显，电子之间的力是如此的大，因此参与电气活动的电子数量百分比是很小的。

---

① 1英寸(in)＝2.54厘米(cm)。

## 1.3 电力场

一般利用力场描述所遇到的力及位移。我们时刻感受到力场的存在，这是因为我们生活在地球的重力场中。每一个有质量的物体都有力场，包括地球在内。地球的力场是主要的力场，这是因为它的质量巨大，其结果是地球上的每一个物体都受到指向地心的引力。地球上的单个物体之间的引力与地球引力相比非常小，因此很难进行测量。在地球表面，重力场几乎是恒定的。我们只有进入太空中才能感受到地球引力的减小。

电力场与重力场有许多相似的地方。每一个电子具有相应的力场。这个力场对其空间中的其他电子有力的作用。如果一个孤立的质量体带有一组多余的电子，则称为带电体，称这些电子为电荷。如果质量体是导体，多余的电子会分开，直到达到力的平衡。单独的球形导体上的电子将会移动，直到完全均匀分布在外表面。导体内部不会存在多余的电子。对于一个良好的绝缘体，任何多余的电子都不能够自由移动。绝缘材料内的多余电子称为捕获电子(trapped electrons)。而且也可能缺失电子，形成所谓的"空穴"(holes)。

## 1.4 场的表述

空间中的电力场可以通过放置实验电荷测量。实验电荷可以用一个小的质量体携带多余的电子形成。实验电荷在空间的每一点都有力，这个力具有幅值和方向。因为力有方向，所以力场是一个矢量场。为了保证测量的有效性，实验电荷必须足够小，不能影响被测对象的电荷在空间的分布。完美的实验是比较困难的，幸运的是我们不需要通过完美的实验就可以得到场图。用指向力方向的线(电力线)可以很方便地表示力场的分布。对于孤立的带正电荷的球形导体，电力线如图 1.1 所示。

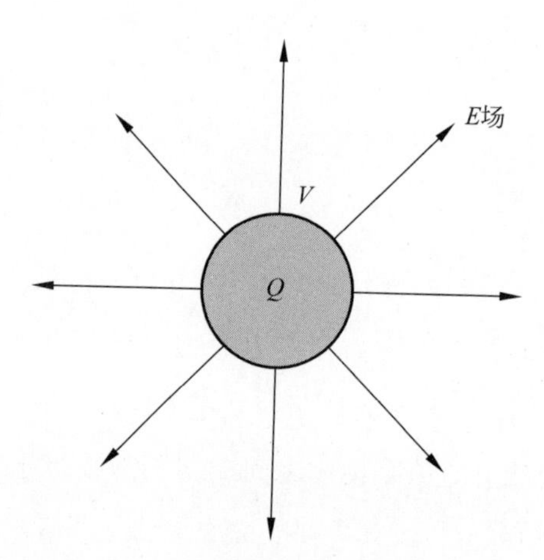


图 1.1　带正电荷的球形导体周围的电力线

值得注意的是，电力线之间任何地方都是有电场的。电力线可以方便地将电场的流动及形状表示出来。在任何实例中，导体表面电荷 $Q$ 由多余电子形成，与导体本身的电子数相比，数量很小。对于实际的面电荷，电子数量也是比较大的，因此可以认为在感兴趣的面上电荷是连续分布的。这就是不能把电力场看作是单独电子所产生的原因。后面我们将把所有电荷的分布看作是连续的。图 1.1 的球体表面的总电荷为 $Q$。球体表面电荷密度为

$$\frac{Q}{A}=\frac{Q}{4\pi r^2} \tag{1.1}$$

按照惯例，电力线从单位正电荷开始到单位负电荷终止。电力线图是很有用的。如果总电荷数量加倍，电力线数量也加倍。在本书的图例中，没有试图将电力线数量与特定的电荷数量相关联。一般来说，我们感兴趣的是电场的形状，电场中心及电力线的终点。

图 1.1 中较小的实验电荷 $q$ 在 $Q$ 电场中的力与电荷的乘积呈正比，和距离 $r$ 的平方呈反比，表示为

$$f=\frac{qQ}{4\pi\varepsilon_0 r^2} \tag{1.2}$$

这里，常数 $\varepsilon_0$ 是真空中的介电常数。式(1.2)就是著名的库仑定律。单位电荷的力或者 $f/q$ 就是电场的强度，常用字母 $E$ 表示。电场 $E$ 用一组电荷周围的力场表述。在数学上，电荷周围的电场强度表示为

$$E=\frac{Q}{4\pi\varepsilon_0 r^2}=\frac{Q}{\varepsilon_0 A} \tag{1.3}$$

$E$ 随着距离 $r$ 的增大而减小。这里，$A$ 是距离为 $r$ 的球体的表面积。

图 1.1 中，电场强度 $E$ 随着电力线的发散而减小。球体表面的力最大。注意电力线没有进入球体。因为导体内部没有多余的电子。电力线终点必须垂直于球体的表面。如果面电荷受到切向分量的力将会被加速。如果表面有缺失电子，这个缺失电子也会被加速。记住缺失负电荷可以看作是存在着正电荷。对导体来说，一组电子的移动性和缺失电子的移动性没有区别。除了电力场的方向符号外，我们假设正、负电荷的特性是一致的。图 1.1 给出了的球体带正电荷。如果是负电荷(电子)，电力线的方向箭头指向内部。

图 1.1 中的电力线从球体的表面开始。如果电荷 $Q$ 位于球体的中心，然后移动球体，每一个距离 $r$ 处的电场方向图都不会改变。电荷 $Q$ 隐含着电荷密度是无限大的，但这是不可能的。为了数学上的简便，我们经常把电场看作是由点电荷产生的，尽管这是不存在的。

## 1.5　电压定义

一个实验电荷 $q$ 在电荷 $Q$ 产生的场中受到的力可以用式(1.2)得到。移动实验电荷一个小的距离 $\Delta d$ 所需做的功为 $f(\Delta d)$。实验电荷从无穷远处移动到点 $r_1$ 所做的功为电场力乘以位移的积分。如果沿着其中的一条电力线(电场力与电力线是一直相切的)，做的功为

$$W=\int_{\infty}^{r_1} f\cdot \mathrm{d}r=-\frac{qQ}{4\pi\varepsilon_0 r_1} \tag{1.4}$$

把上式两边同时除以 $q$，可以得到单位电荷的功，就是熟悉的电压(voltage)公式

$$V=\frac{Q}{4\pi\varepsilon_0 r_1} \tag{1.5}$$

**定义**

**电压差**：电场中单位电荷在两点之间移动所做的功。

式(1.4)中，假设无穷远处的电压为零，我们可以对空间中点之间的电压进行人为设定。在电路中，单位电荷从两个导体表面之间移动所做的功叫作电压差或者电势差。重要的是要认识到电势差在空间中的点之间是存在的。当然，很难通过在空间中放置电压表来测量这个电压。

空间中两点间的电压差为

$$V_2 - V_1 = \frac{Q}{4\pi\varepsilon_0}\left(\frac{1}{r_2} - \frac{1}{r_1}\right) \tag{1.6}$$

---

**注意** 没有电场的空间中不存在电势差。

---

在导体中，如果导体表面没有电荷，就不会存在电场。这些电荷在电路图中没有表示出来。当一个电路工作时，有表面电荷存在的地方就有电压差。这些电荷与运动电荷独立存在，在电路中称为电流(current)。

## 1.6 等势面

正如字面意思一样，等势面就是电压相等的平面。在等势面上移动实验电荷不需做功。图1.2给出了图1.1中的球形带电体周围的等势面。注意，这些等势面同样是球形，而且总是与电力线垂直。

---

**注意** 在表面电荷没有运动的情况下，导体表面总是一个等势面，而不管它们表面形状如何。

---

实际上，即使在导体表面电荷分布不均匀的情况下，这个面也是一个等势面。在同一个导体上同时存在正电荷和负电荷时也是一个事实。导体表面的电荷移动不需要做功。如果需要做功将会有切向电场存在，这意味着自由电荷将会运动。

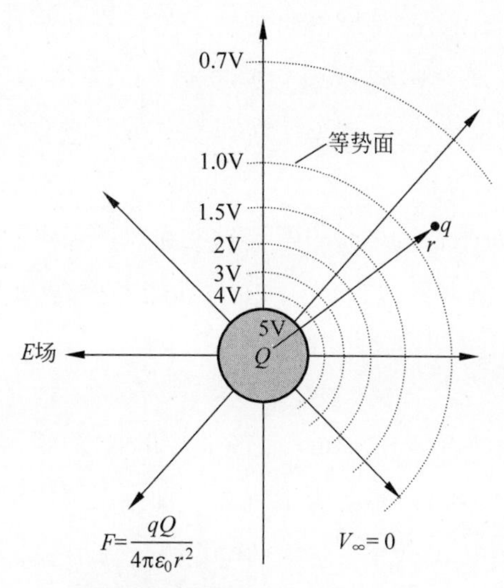


图 1.2 带电球体周围的等势面

## 1.7 两平行板导体间的电力场

假设两个平行板导体之间的距离为 $h$，上平行板的电荷量为 $Q$，下平行板的电荷量为 $-Q$，如图 1.3 所示。

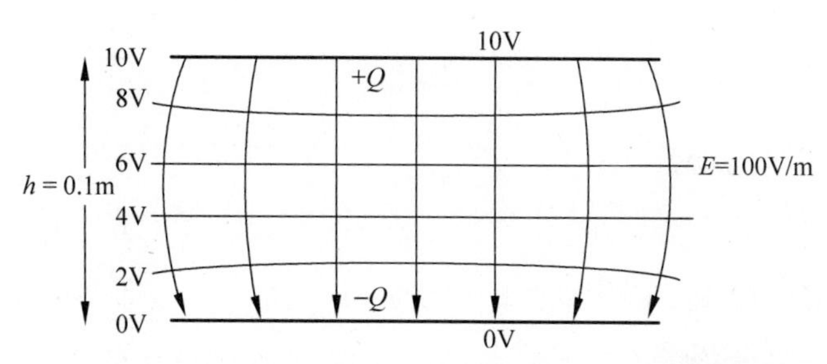


图 1.3 两个带有等量但极性相反的平行板导体之间的电场分布

注：此图包含了一些端部效应

如果忽略端部效应，电力线均匀分布且从上平行板开始到下平行板终止。这种情况下系统的净电荷为零。如果所有电力线在两个平行板之间，一般来说系统没有损耗。因为电力线不是发散的，实验电荷 $q$ 在平行板之间的每一点都是恒定的。换句话说，电场强度 $E$ 在平行板之间是个常量。如果平板上的电荷密度与图 1.1 中的球体上的电荷密度一致，平行板之间的电场强度和球体表面的场强是一样的。移动平行板之间的单位电荷所需做的功等于力与位移的乘积，或为

$$W=\frac{Q}{4\pi\varepsilon_0 r^2}\cdot h=E\cdot h \tag{1.7}$$

这个功就是平行板之间的电势差。如果底部平行板的电压设为 0，上部平行板的电压将为 $V=Eh$。注意，电场的单位是伏特每米。如果图 1.3 中的两个平板之间的电压为 10V，空间间距为 10cm，两个平板间的电场强度为 100V/m。

## 1.8 电场分布图

图 1.4 给出了印制电路板走线在导电面上的电场分布（图中的面一般是地平面，在后面将会讨论许多类型的地平面）。这两个导体之间的间距一般很小，约为 0.005in[①] 或者 $1.3\times10^{-4}$m。典型的逻辑信号电平是 5V。走线下方的电场强度将会达到令人吃惊的 38 000V/m。

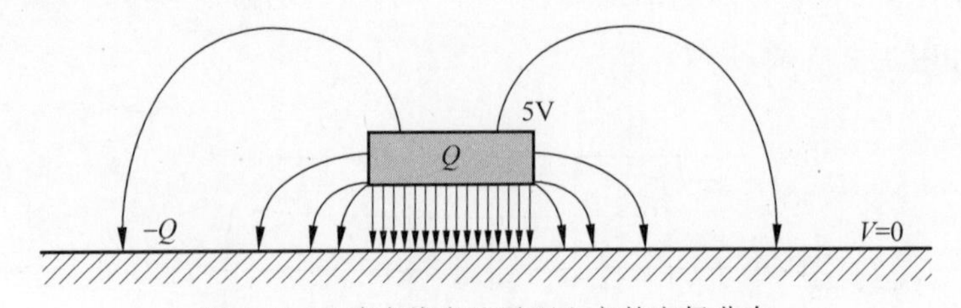


图 1.4 电路走线在地平面上方的电场分布

电场线的终点集中在走线和地平面之间。因为电力线终止在电荷上，显然这个面就是面电荷存在的位置。注意，这是静态情况，这个面电荷的分布在电路理论中没有考虑，电荷达到这种分布产生的路径也没有考虑。

① 1in（英寸）=0.0254m（米）。

**事实：**

- 导体表面电荷的分布是非均匀的。
- 电荷不运动的情况下沿着地平面没有电势梯度。
- 电荷集中在电路走线和地平面之间的附近。
- 一些电场分布在走线上方。
- 电荷集中在电路走线的尖端位置。
- 如果电压缓慢变化，新的电荷一定会移动到地平面上。

回顾一下两个走线在地平面上方的电场分布图，这个形状如图 1.5 所示。如果电压极性相反，地平面上的电荷分布在走线下的极性将会相反。重复一下：地平面是个等势面。

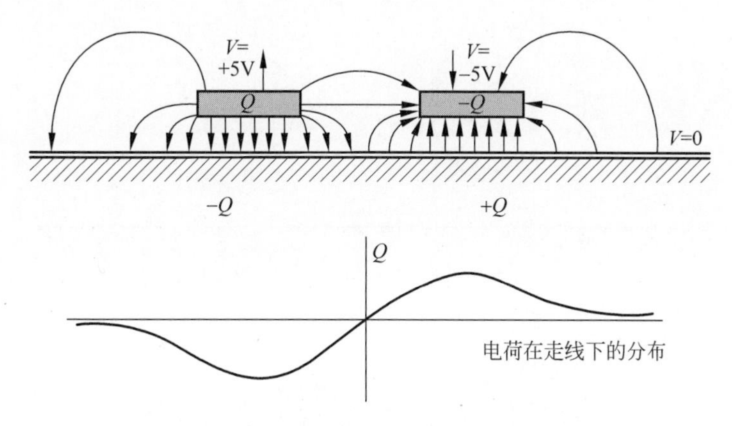


图 1.5　两个走线在地平面上方的电场分布

考虑一下图 1.6 中的屏蔽电缆的截面周围的电场分布图。图 1.6(a)中屏蔽层 S 完全包围中心导体 A，没有电场逸出。图 1.6(b)、图 1.6(c)中的屏蔽层有一个洞，从而能够使电场达到导体 B。电力线终止在导体 B 意味着导体 B 上有电荷分布。图 1.6(c)中导体 B 浮动在空间中。注意到仍然有电荷分布在导体上，但是导体上的净电荷为零。浮动导体可能不是一个零电位但是仍是一个等势面。接地导体按照定义将是零电位，虽然整个表面上有净电荷的存在。

如果图 1.6 中的屏蔽导体的电压缓慢变化，空间中的电场强度将改变。图 1.6(b)

中的导体 B 上的电荷总量也跟着改变。电荷的变化必会引起它与连接的地平面之间的流动。导体 B 上的电荷称为感应电荷。任何在导体 B 中流动的电流称为感应电流。图 1.6(c)中的情况，浮动导体表面的电荷密度也会改变。这意味着感应电流在导体本身流动。注意，没有路径使新的电荷到达这个隔离导体上。

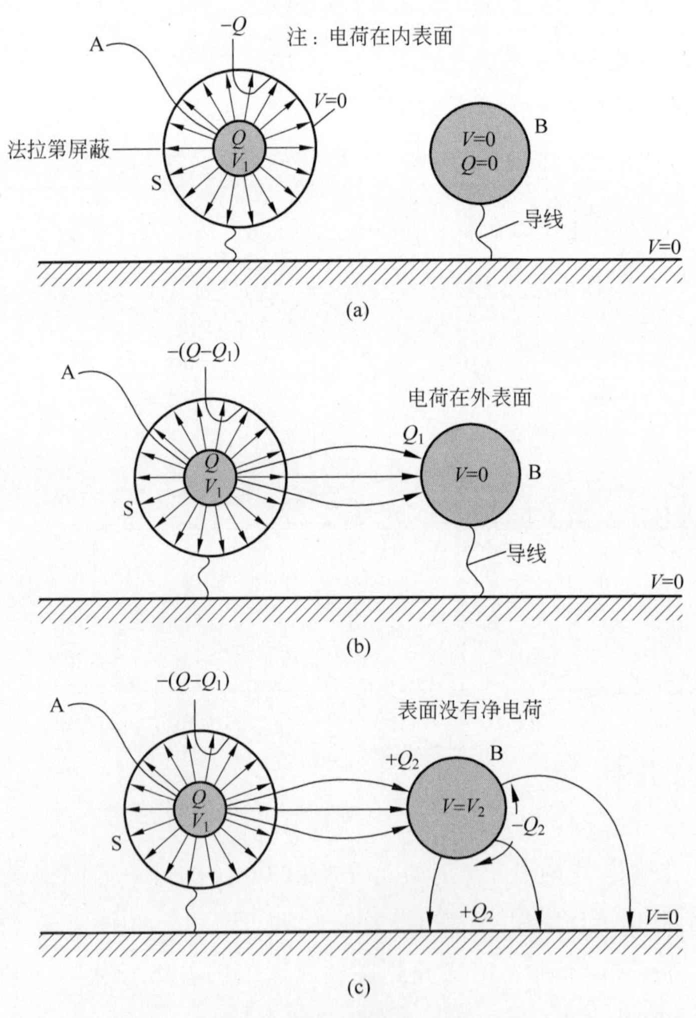


图 1.6　屏蔽电缆的电场形式

**注意**　导体上流动的面电流并不是电路连接中的电流，导体周围的空间必定存在变化的电场。

图 1.6(a)中的电场包含在内部。内部电场的变化不会引起临近的导体上感应电流。把电场包含起来称为静电屏蔽。外部导体 S 常称为法拉第屏蔽。一个导体外面有一层导体罩称为屏蔽电缆。后面将讨论一种叫作同轴电缆的屏蔽导体。

---

**注意**　图 1.6 中,电力线终止在电缆的内表面上。如果电压缓慢变化,导致电场改变引起屏蔽层内表面的电流流动。理想情况下,这个电场不能穿透屏蔽层达到其外表面。

屏蔽并不要求屏蔽的导体有外部的连接。如果电场中的屏蔽都是有效的,屏蔽并不要求其保持为地电势而使之有效。

---

## 1.9　电场中的储能

在电场中移动电荷需要做功。图 1.3 中两个板之间移动单位电荷需要做的功等于它们之间的电压差。当更多的电荷在这个空间中移动时,两个板之间的电压增加。电荷上所做的功像势能一样储存。这个能量储存在哪?因为不能储存在导体内部及其表面上,唯一的地方就是板之间的空间。重力场中也存在同样的问题。当一个重物在重力场中升高后增加的能量储存在场中,而不是在物体中。

电荷 $\mathrm{d}q$ 上的力是 $E\mathrm{d}q$,这里 $E$ 是电场强度。假设上板带的电荷为 $q$,下板带的电荷为 $-q$。可以从式(1.3)中得到电场强度是 $q/\varepsilon_0 A$。当把增加的电荷 $\mathrm{d}q$ 移动位移 $h$ 时,需要做的功为

$$\mathrm{d}W = fh\,\mathrm{d}q = \left(\frac{q}{\varepsilon_0 A}\right)h\,\mathrm{d}q \tag{1.8}$$

对式(1.8)中电荷从 0 积分到 $Q$,移动电荷 $Q$ 需做的总功为

$$W = \int_0^Q \frac{q}{\varepsilon_0 A}h\,\mathrm{d}q = \frac{Q^2 h}{2\varepsilon_0 A} \tag{1.9}$$

因为 $E=Q/(\varepsilon_0 A)$,$W$ 可以写为

$$W=\frac{1}{2}E^2\varepsilon_0 Ah=\frac{1}{2}E^2V\varepsilon_0 \tag{1.10}$$

这里，$V$ 是两个导体空间的体积。

---

**注意** 电场能量储存在空间体积中。

每一个电路由电压储存电场能量。

---

空间具有像弹簧一样储存势能的特质。导体像控制弹簧的把手一样对弹簧进行操控。虽然不能看到或者感受到，但是我们可以利用空间中储存的能量做功。没有这些导体的引导，电场能量将会以光速离开空间。

实际电路中的电场是复杂的，电场强度在空间中是变化的。为了计算总储能，空间可以被分为小的体积，电场强度接近常量。需要记住的重要事实是，单位体积中储存的能量与电场强度平方成正比。在许多实际的问题中，高电场强度区域很重要，几乎所有的能量都存储在这个地方。

空间中点上的电势是个标量，不是个矢量。每一点的电势就是移动实验电荷需要克服系统中所有电荷的阻力所做的功。这个电压值可以基于式(1.6)进行求和得到。电场矢量可以通过求该点的电压变化最大值的方向得到。从数学上说，电压的梯度就是电场强度。

## 1.10 电介质

下面考虑电场对电介质材料的影响。典型的电介质材料有橡胶、丝绸、聚酯薄膜、聚碳酸酯、环氧树脂、空气和尼龙，前面考虑的都是真空中的电场，现在考虑图 1.3 中的两个平行板，如果这中间的空间中充满了绝缘电介质，那么将电荷 $Q$ 从一个板上移动到另一个板上所做的功将减少。这意味着绝缘材料中的电场将减小。这个减小的因子 $\varepsilon_R$ 就是相对介电常数。电介质媒介在两个平面间的电场强度为

$$E=\frac{Q}{A\varepsilon_0\varepsilon_R} \tag{1.11}$$

如果空间中首先充满空气，电荷 $Q$ 产生的电压为 $V$。当电介质材料填充在板之间，

电压将会降到 $V/\varepsilon_R$。如果电压重新增加到 $V$,表面电荷的总量将会随着因子 $\varepsilon_R$ 数增加。

**注意** 空气中的相对介电常数为 1.0006。

电容器中常采用电介质材料增加每单位电压的电荷量。

## 1.11 *D* 场

通常采用两种量来讨论电场。两点之间的电压决定 $E$ 场强度。第二个电场量称为 $D$ 场,与电荷直接相关。在真空中 $E$ 场和 $D$ 场方向图完全一致。在电介质的区域中,$E$ 场强度在电介质接触面改变。$D$ 场起始于电荷,终止于电荷,但是电场强度在电荷自由边界处不变。图 1.1 中,如果电荷 $Q$ 位于电介质中,$E$ 场将会减小,减小的倍数等于相对介电常数。新的 $E$ 场强度可以写为

$$E=\frac{Q}{4\pi\varepsilon_0\varepsilon_R r^2} \tag{1.12}$$

这个电荷产生的电场中的储能随着相对介电常数的增大而减小。

图 1.7 中给出了两个平面之间的电场形状,其中一半空间中的介电常数为 8。如果总的空间间距为 10cm,电介质材料的介电常数为 8,$E$ 场方向图必须有所改变以保证总的电压差为 10V。相应的 $E$ 场中电压为 $E/8\times5$cm 和 $E/1\times5$cm。很明显,开放空间中 $E$ 是 8.9V/cm,电介质材料中的 $E$ 是 1.1V/cm。通过空气中电压为 8.9V,电介质中的电压为 1.1V。现在空气中的电场强度是 8.9V/5cm=1.78V/cm。在电介质材料插入前,空气中的电场强度为 1V/cm。这意味着加入电介质增加了平板间的电荷量,增加的电荷量为 78%。注意,主要的能量存储在空气空间中而不在电介质中。

图 1.7 中,$D$ 场从顶部到底部是连续的。如果空气中 $E$ 等于 $D/\varepsilon_0$,则在电介质中

$$E=\frac{D}{\varepsilon_R\varepsilon_0} \tag{1.13}$$

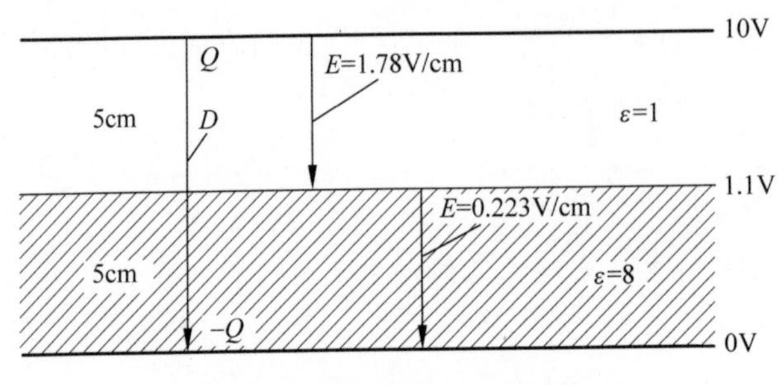


图 1.7　电介质中的电场形状

**注意**　$D$ 场来自电荷，不受电介质的影响。

电场能量储存在 $E$ 场中。

在高压变压器中，油电介质常常用来降低导体周围的 $E$ 场。$E$ 场降低有助于减少起电弧的机会。而且油可以起到把绕组中的热量带走的作用。

## 1.12　电容

电荷与电压的比值就是电容量 $C$。电容单位为法拉(F)。1 法拉电容器在电压为 1V 时储存的电荷量为 1 库仑(C)。图 1.1 中的球体表面电压与储存的电荷 $Q$ 关联。电压 $V$ 等于 $Q/4\pi r\varepsilon_0$。$Q/V=4\pi r\varepsilon_0$。如果球体位于电介质媒介中，电压 $V$ 降低 $\varepsilon_R$ 倍，$Q/V=4\pi r\varepsilon_0\varepsilon_R$。在电介质媒介中的球体电容量为

$$C=4\pi r\varepsilon_R\varepsilon_0 \tag{1.14}$$

对于图 1.3 中的平行平面，两导体平板之间的电压等于 $E$ 乘以间距 $h$，代入式(1.11)，得到电压为 $V=Qh/\varepsilon_0\varepsilon_R A$。$Q/V$ 的比值为

$$C=\frac{\varepsilon_0\varepsilon_R A}{h} \tag{1.15}$$

电容是几何形状的函数。目前为止，只讨论了两种简单的几何体、球体及平行导体面。在实际大多数电路中，几何体是很复杂的，电容的计算比较困难。重要的是要认识到电容量与 3 个因素有关：与表面积成正比，与两个面之间的距离成反比，与介电常数成正比。

**注意**　电容是个几何概念，所有导体几何形状都可以储存电场能量，因此都有电容。

电容概念可以扩展到自由空间中。考虑空间中有方向的立方体，电场线垂直穿过立方体的两个面。如果立方体相反的两个面上有等量极性相反的电荷，电场线将会没有差别。两个面之间的电压等于电场强度乘以穿过立方体之间的距离。因此，根据等效面电荷和电压差的比值得到电容量。

**注意**　除了导体，自由空间也有储存电场能量的能力。空间体积具有电容。

因子 $\varepsilon_0$ 称为自由空间的电容率，等于 $8.85\times10^{-12}$F/m。考虑印制电路板走线在地平面上的电容。如果间距 $h$ 是 5mm，走线是 10mm 宽和 10mm 长，走线的面积等于 $100\text{mm}^2$。$A/h$ 的值是 20mm 或 $20\times10^{-3}$m，如果相对介电常数为 10，则走线与地平面之间的电容等于 $(A/h)\varepsilon_R\varepsilon_0=177\times10^{-12}$F 或者 177pF。

有意思的是，可以把地球看作一个导体计算其电容。地球的半径是 $6.6\times10^6$m。利用式(1.14)计算电容为 711$\mu$F。

## 1.13　互容

互容(mutual capacitance)经常针对漏电容或寄生电容。在大多数实际电路中，电场形状是复杂的。任何导体上的电压意味着具有自身电荷以及能在其他导体上感应电荷。对于小几何形状的元件，寄生电容储存了大部分电场能量。

任何导体上的电荷与电压的比值称为自身电容(self capacitance)。图 1.1 和图 1.4 就是自身电容的例子。图 1.6(b)是个互容的例子。导体 2 上的感应电荷与导体 1 上的电压比值称为互容。测量电容要求在被测导体上加实验电压而其他导体必须是零电势。互容 $C_{12}$ 就是导体 2 上感应电荷与导体 1 上电压的比值，且 $C_{12}=C_{21}$①。所

① 互容很小，测量起来存在困难。其中一个测量方式是利用改变的电压(正弦电压)观察变化的电荷的电流。电流的测量以测量其串联的电阻电压的方法。漏电容诸如低到 0.1pF 可以这样测量。电容的测量要求仔细考虑屏蔽问题。

有互容值是负的因为正的电压感应电荷总是负的。图 1.8 给出了一些简单几何体的互容。

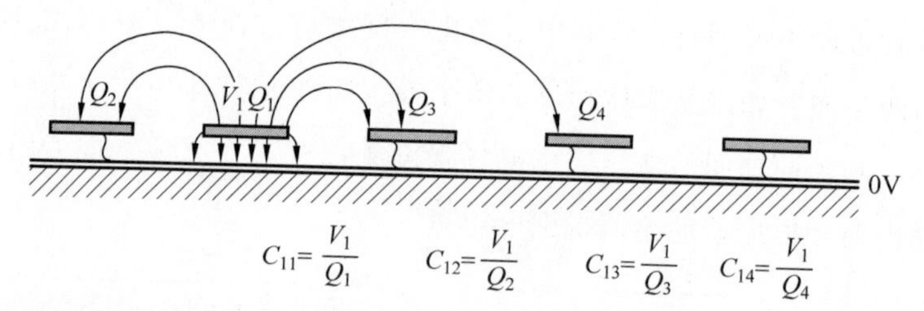

图 1.8　地平面上方的几个走线之间的互容

电压 $V_1$ 放置在走线 1 上，走线 2，3，4 上电压为零。地平面电压是零伏。电容 $C_{11}$，$C_{12}$，$C_{13}$ 和 $C_{14}$ 分别是 $V_1/Q_1$，$V_1/Q_2$，$V_1/Q_3$ 和 $V_1/Q_4$。互容 $C_{32}$ 是 $V_3/Q_2$ 的比值。

互容是电路几何体的函数。经常是这些电容限制或决定了电路性能。在集成电路运算放大器中，互容是设计的基本方面。它们可能确定了电路的带宽及电路稳定性。

## 1.14　位移电流

图 1.3 给出了两个平板导体。如果上板放置电荷 $Q$，下板必定存在电荷 $-Q$。电荷与上板电压的比值就是这个几何体的电容。这个几何体就是许多小型商业电容器的典型形状。

如果电容平板上储存的电荷随着时间线性增加，那么电压差 $V$ 也将线性增加。恒定电流源能够提供这个增加的电荷，等效电路如图 1.9 所示。

通常用标准电路符号 $C$ 表示这个电容。电路中电流流动有两种观点。第一种观点：电子流动到电容器平板上，但是它们没有穿过电介质。第二种观点：环路分析中电流穿过电容器。哪个观点是正确的呢？两个观点都是正确的，它们合理解释了介质中电场的变化。当平板上积累的电荷 $Q$ 增加时，电介质中的 $D$ 场也增加。这个变化的 $D$ 场等于电流流动。通常，把变化的 $D$ 场看作是位移电流

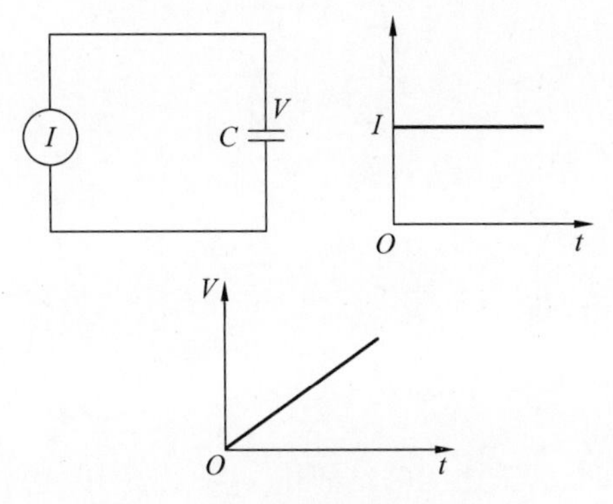


图 1.9　恒定电流源供电的电容

(displacement current)。这是麦克斯韦波动方程的描述。

**注意**　空间中 $D$ 场的变化等于空间中位移电流的流动。

要知道,在某些时候并不能利用物理规律解决问题。电路理论不针对电场,但是当有电压差时就会起作用。后面将讨论电磁辐射。场能量或者辐射以电场或磁场的方式离开电路。在电容器中,变化电场电流和磁场是相互关联的。第 2 章将指出:变化的磁场需要一个电场。换句话说,这些变化的场之间是相互关联的。电容器上的辐射所带走的能量,同时存在电场和磁场的形式。很明显,对电容器辐射的理解是比较困难的。

## 1.15　电容器中储存的能量

根据式(1.8),电容器中电场储能为 $\frac{1}{2}E^2\varepsilon Ah$。如果用 $E=V/h$ 结合式(1.3)中的 $E/\varepsilon A=Q$ 代入,可以得到用电荷和电压表示的电场能量 $E$:

$$E=\frac{1}{2}QV \tag{1.16}$$

可以用比值 $C=Q/V$ 替换式(1.16),得到两个等效的储能表达式:

$$E=\frac{1}{2}CV^2 \tag{1.17}$$

$$E=\frac{1}{2}\frac{Q^2}{C} \tag{1.18}$$

## 1.16 电场中的力

电场能量存在于单个电子之间的空间中。图 1.1 中，电子在球体表面移动直到它们均匀分布在表面。实际上，它们自动进行排列从而保证电场中储存最少的能量。在许多方面都具有这样的自然特性。实际上，所有的静态场都展示了在其几何体限制范围内具有最小的储能场。对于导体上的一组电荷，电场只有一种排列方式——储存能量最小的方式。

---

**注意** 如果有一条路径，自然会沿着这条路径使系统中储存的势能减小。

---

如果电容器平板之间距离更近，电容容量将增加。式(1.18)说明，如果电荷 $Q$ 固定，较大的电容容量储存较少能量。这意味着有一个力作用在两个板之间试图减小板之间的距离，从而减小储存在系统中的势能。可以认识到这个功等于力乘以距离，也可以简单地得到力的表示就是功除以相应的距离。

功放就是根据这个原理工作的。通过在两个金属板上加上音频的电压信号，可以使它们之间产生空气振动；电压差需要有几百伏；$E$ 场必须基于直流电，这样不会有 2 倍的频率。

## 1.17 电容器

电容器是储存电场能的器件。电路工程师有广泛选择电容类型及电容值的机会，有许多不同制作类型、电介质材料及电压等级的电容器。电容值的范围很宽广，从几皮法到 1 或 2 法拉的 12 个等级。在常用的电路中，储存电能的电解电容器在

100μF 范围内。电容值为 0.01μF 的电容器常用在电路板中为数字电路本地供电。许多电容器为油浸缠绕电容,如图 1.10 所示。在许多电容器中,导体包含真空作为电介质,这个技术的例子是金属化 Mylar。导体表面是不规则的,用以增加有效的面积,从而增加电容量。电解电容利用电解液作为电介质。这种类型电容必须用有极性的电压,使电容像导电能力较弱的电阻一样。后文将会对电容工作在较高时钟频率的数字电路中的重要作用做更多的讨论。

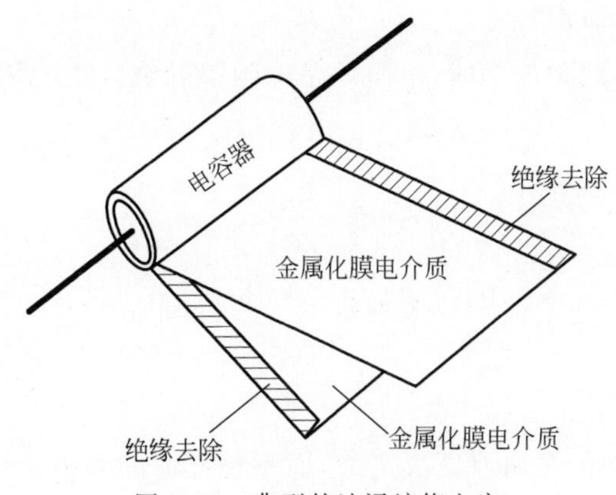


图 1.10 典型的油浸缠绕电容

## 1.18 电介质吸收

在对电介质施加电场时,电介质具有吸收小电荷的特性。在电容器中,当电场被移除时,这些被捕获的电荷不会立即返回电路。随着时间的推移,这些被捕获的电子被释放出来。造成的结果是在电容器两端产生电压或者电流,此属性称为电介质吸收。这种现象可能导致一些错误的测量结果。例如,云母和尼龙就具有非常低的电介质吸收率。

作者曾用玻璃封装的 100MΩ 电阻作为放大器中的反馈元件。在生产中,经常会出现仪器的频率响应失真的情况,这是因为在电介质中被捕获电荷,使反馈电路中产生了小的延迟电流。

## 1.19 平面导体电阻

有时候必须考虑大的导电表面面积。会引起表面电流的最大表面是地球或者海洋的表面，建筑物两侧的金属板也是一种大的表面。电路板设计中使用的地面或电源平面是较大的表面积。

当电流在导体中均匀流动时，电阻就是电阻率 $\rho$ 乘以路径长度 $l$ 然后除以截面面积，用公式表示为

$$R=\frac{\rho l}{A} \tag{1.19}$$

对于正方体材料，$A=l\cdot l$，电阻为

$$R=\frac{\rho}{l} \tag{1.20}$$

需要注意的是，电阻是由厚度决定的，而不是截面的大小。1mm 铜的方块电阻（每平方面积的电阻值）是 172$\mu\Omega$。对于非正方形的平面导体，电阻的计算方法是将该面积划分成若干个方块，然后采用串并联计算。由于磁效应限制了电流穿透深度，电阻会随着频率的增加而增大，可参考 3.23 节趋肤效应的介绍。

当电流不再流经整个导体时，有效电阻会升高。例如点接触的情况，像闪电袭击或者接触故障。对于铜母线，必须使末端的整个表面进行充分接触，否则末端电阻会很高。在高电流的情况下，这可能导致设备过热。

# 第2章 磁学

**本章导读**

本章讨论磁场。与电场一样，同一磁场有两种测量方法。$H$ 场是电流流动的直接结果；$B$ 场是操作电动机和变压器的力场或感应场。与第1章中的电场类似，磁场由磁力线表示。$B$ 场磁力线是连续的，形成闭合曲线。磁场磁力线沿着 $B$ 场磁力线，但强度的变化取决于材料在磁路中的磁导率。本章讨论了电能进入电感器或穿过变压器的运动。这扩展了第1章中提出的观点——两个领域都需要移动能量。在变压器动作过程中或在电感中存储能量时，都需要电场和磁场。结果表明，变压器铁芯降低了励磁电流，使变压器在工作频率下的运行更为稳定。第1章讨论了变电场同时产生位移电流和磁场的观点。在本章中，可以看到一个不断变化的磁场同时产生电场和电压。

## 2.1 磁场

人们对地球磁场都比较熟悉。指南针利用地磁场给人类提供导航帮助。我们用磁体进行实验时也能体会到：在磁体两极之间的空间中有力的存在。如果没有磁效应，将不会有电动机、发电机或者变压器——这些装置是社会进入文明的基础。我们较容易忽视的一些磁现象也是电子电路运行的核心。下面同样从原子开始讲起。

原子中电子的自旋产生了本地磁场。一些元素的原子结构能够使原子排列而使产生的净磁场离开原子。在矿物质中，铁被称为磁矿物，因为它可以产生磁场而且引起指南针的转向。

另一种产生磁场的方式是电子的运动。这些电子可以在导体的表面运动，沿着电路走线或者在真空中运动。为了验证电流产生磁场，以一个长直导体为例，让导体穿过一张纸。如果导体上通有直流电，放置在纸上的铁屑将会沿着导体为中心形成圆形。一个放置在临近导体空间小的指南针也会根据磁场形状重新排列。

用字母 $H$ 表示电流产生的磁场。图 2.1 给出了带有电流 $I$ 的长直导体在其周围的 $H$ 场（磁场）的形状。图中磁力线形成以导体为中心的圆形，磁力线越密的地方，场强越强。这些磁力线也称为磁通线。注意，沿着以导体中心的圆上的场强是不变的。

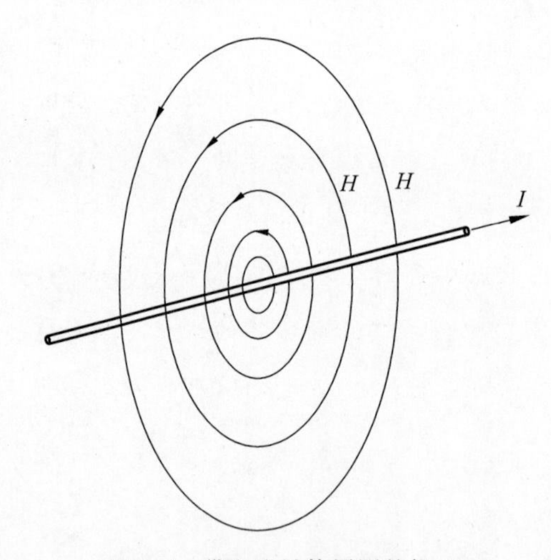


图 2.1　带电流导体周围的场 $H$

磁场强度（磁通强度）等于磁力线垂直穿过单位面积的数量。注意，磁场是个矢量场，在空间中每一点的场都具有幅度和方向。

磁场又是个力场，这个力只能是一个场施加到另一个场上。如果两个平行导体都带有电流，结果磁场将试图使这两个导体移动到一起[①]。力的方向、电流流动方向、场线的方向是互相垂直的。

---

① 力的方向试图减小电路电感中的储能。这将在本章的后面进行讨论。

## 2.2　安培定律

安培(Ampere)定律表明，磁场强度 $H$ 沿着导体闭合路径的积分等于穿过闭合环路的电流，即

$$\oint H\,\mathrm{d}l = I \tag{2.1}$$

最简单的路径如图 2.1 所示同心圆的积分，求解可得

$$H = \frac{I}{2\pi r} \tag{2.2}$$

这里 $H$ 是个常数，$r$ 是圆形磁力线距离导体的半径。

从这个公式可以看出，$H$ 的单位是 A/m(安培每米)。有几何形状时，$H$ 随着距离增加线性减小。$H$ 的值在距离 $r$ 的地方是恒定的。在长直导体中，$H$ 随着距离线性减小。

## 2.3　螺线管

图 2.2 中是螺线管的磁场。注意，在螺线管内部磁场强度几乎是恒定的，而外部的磁场强度很弱。利用安培定律，通过闭合磁力线 $H$ 的积分为

$$\oint H\,\mathrm{d}l \cong nI \tag{2.3}$$

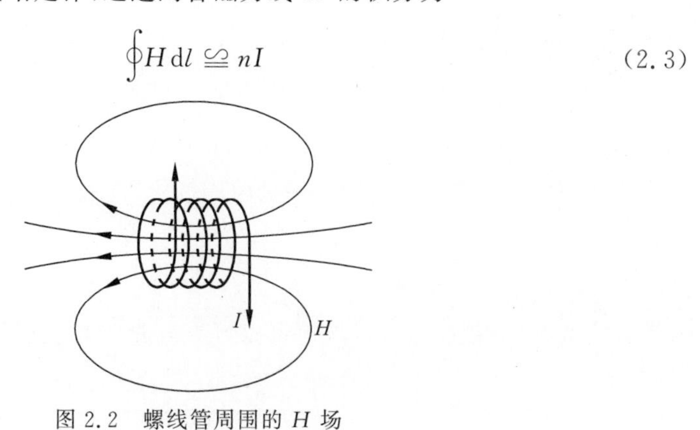


图 2.2　螺线管周围的 $H$ 场

积分不容易求解，因为 $H$ 在螺线管外不是常数。重要的是要认识到 $H$ 场与电流呈正比，与螺线管上的匝数呈正比。如果只有螺线管内部的磁场强度 $H$ 与积分量相关，那么 $Hl=nI$。

## 2.4 法拉第定律与感应场

当一个导体线圈在磁场中运动时，在线圈断开的两端之间有电压，如图 2.3 所示。电压取决于磁场强度、线圈的匝数和穿过线圈的磁通变化率。当线圈的方向使穿过其的总磁通量不变时，没有电压产生。

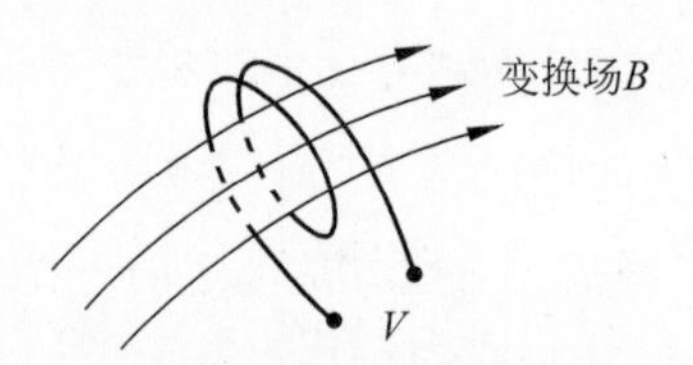


图 2.3 运动线圈感应电压

记住有两个量可以对磁场进行测量。电场中有两个量，$D$ 场与电荷有关系，$E$ 场与电场间的力有关系。磁场同样也有两个量。如前文所述，$H$ 场与流动电流成正比，与感应电压相关的场叫作 $B$ 场(感应电场)。$B$ 场与 $H$ 场之间的关系为

$$B=\mu_R\mu_0 H \tag{2.4}$$

这里，$\mu_0$ 是真空中的磁导率，$\mu_R$ 是介质中的相对磁导率。空气有一个单位的相对磁导率。因子 $\mu_0$ 等于 $4\pi\times10^{-7}$T/(A·m)(特斯拉每安培米)。铁的相对磁导率为 500～100 000。对于区域中磁场强度不变的磁通量 $\phi$，可以简化为乘积 $B\cdot A$，$B$ 的单位是 T(特斯拉)，$A$ 是面积，单位 $m^2$，$\phi$ 是磁通量(也称磁通)，单位是韦伯(Wb)。我们将认为这个磁通量为“线”。导体线圈的感应电压为

$$V=n\frac{d\phi}{dt} \tag{2.5}$$

这里 $n$ 是线圈的匝数。式(2.5)也可以写为与 $B$ 场相关的形式，即

$$V=nA\frac{dB}{dt} \tag{2.6}$$

**注意** 电压与 $B$ 之间的关系不取决于所涉及的磁性材料，这个线圈可以在空气中或缠绕在磁性材料中。

式(2.5)就是著名的法拉第(Faraday)定律。如果感应强度 $B$ 线性增加，线圈两端必定存在一个稳态电压 $V$。反过来一样成立，如果线圈两端有固定电压，那么线圈内的磁场强度 $B$ 线性增加。这就是著名的楞次定律。这些定律对于空气中的简单线圈，在频率低于几兆赫兹的情况下很难观察到。

在静电场中，$E$ 场是力场。在磁场中，$B$ 场是力场。磁场中电流环上的力与电流，以及产生磁场的电流呈正比。

## 2.5 电感

**电感**定义为：每单位电流产生磁通的比值。

计算典型几何形状的总磁通量是一个困难问题。实际可行的计算电感的方法是法拉第定律。回过头来看图 2.2 中的线圈，式(2.6)表明 $B$ 以恒定比率增加，如果在线圈上施加稳定电压，场 $H$ 和感应电压都与线圈匝数 $n$ 成正比，因此电压 $V$ 与 $n^2$ 成正比。对于真空中的线圈，有 $B=\mu_0 H$，式(2.6)可以重写为与变化电流相关的表达式：

$$V=n^2 Ak\mu_0 \frac{\mathrm{d}I}{\mathrm{d}t}=L\frac{\mathrm{d}I}{\mathrm{d}t} \tag{2.7}$$

这里 $k$ 与线圈的几何形状相关。因子 $n^2 Ak\mu$ 是线圈的电感 $L$。电感的单位是亨利(H)。式(2.7)表明：如果电压 V=1V，对于 1H 的电感，电流以 1A/s 的速率上升。亨利是电感中较大的单位，电路中典型的电感范围从几微亨到几毫亨，相应的单位缩写为 μH 和 mH。第 7 章将讨论去耦电容器，这时皮亨量级的电感将会非常重要。

如前文所提到的，式(2.7)中电感是针对真空中的线圈。大部分商业上的电感器用磁性材料制造。2.6 节将讨论这种制造方式。

## 2.6 电感中的储能

在电场中，做功与移动在电场中的一个小的实验电荷相关联。在磁场中，一个实验磁场(单极性)是不存在的。在磁场中推动一个电荷运动的力比较复杂，这个力导致了电荷的规律性运动。计算磁场中储存的功是利用式(2.7)实现的。电压 $V$ 施加在线圈上导致电流线性增加。在任意时间 $t$，提供的功率 $P$ 等于 $VI$。功率是能量的变化率，即 $P=\mathrm{d}E/\mathrm{d}t=VI$，这里 $E$ 是电感中的储能。因为电压 $V=L\mathrm{d}I/\mathrm{d}t$，所以存储在电感 $L$ 中的能量为

$$E=L\int_0^I I\mathrm{d}I=\frac{1}{2}LI^2 \tag{2.8}$$

---

**注意** 电感器储存能量，不消耗能量。

---

电感器端口的电压 $V$ 暗示了电场的存在。能量移动进入电感器需要电场和磁场同时存在。这与我们在电容器中放置能量时所发现的情况相似，把电荷移动到电容器中产生了一个磁场。我们刚刚说明了在移动能量到电感器中 $E$ 场和 $B$ 场必定同时出现。当把能量从电感器或者电容器移除时，这两个量必定再次出现。

法拉第定律表明，当变化的磁通耦合到线圈中时产生一个电压。这个电压意味着电场能量必定出现。这种能量分布式储存在线圈上的每个导电元件对之间。当一个稳态电流在电感中流动时，磁通是恒定的。这意味着电压是零，没有储存电场能量。当一个电路开路，电流开始消失时，变化的磁通产生电压，这个电压开始在线圈内绕组的电容上放置能量，结果是连续流动的电流开始转换成电场能量。

---

**注意** 储存在电感器上的能量不能凭空消失，只能转移到其他地方。

---

电感器上的场能量为$\frac{1}{2}LI^2$。电容器上的场能量为$\frac{1}{2}CV^2$。考虑一个 1mH 的电感器带有 0.1A 电流。假设并联的电容量为 100pF。储存的能量为 $5\times10^{-4}$J。当这个能量完全转移到电容上，电压必须达到 3116V。这个电感及其自身的寄生电容

形成的自然频率大约为 500kHz。能量从电感器传输到电容器的时间为 1/4 周期或者 0.5μs。机械触点开断时间远大于 0.5μs,结果导致电压击穿空气。对于继电器触点,这个迅速增加的电压导致电弧的出现。储存在电感器上的能量现在变成光和热散发出去。如果开关是半导体开关,产生的电压可能将器件破坏。这里有两种吸收储存在磁场中能量的方法,以避免高电压的产生:一种方法是将反向二极管并联在线圈上以提供电流关断时的续流环路;另一种方法就是在线圈上并联电容,这将会降低自然频率同时减小电压。

**注意** 电感上的场能量不能在瞬间消失。

## 2.7 空间中的磁场能量

为了求解空间中的磁场储能,可以构造一个闭合超导环路,流动电流增加时引起磁场的增加,将这个增加的磁场叠加到一个主超导环路中。当这个增加的环路电路移动距离 $d$ 时,主环路上做的功为 $BHAd$,这里 $HA$ 是增加电流环路的磁通。这个功引起了主环路中电流的增加,增加了磁场强度。为了建立主环路中的场能量,我们必须引进一个小的能量增量。刚开始不需要做功,因此场 $B$ 的初始值为零。当场 $B$ 达到最大值时,每单位电流的功为 $W=BHA$。储存在场 $B$ 中能量所做功的平均值是这个值的 1/2。因为在真空中 $B=\mu_0 H$,可以把储能写为

$$E=\frac{1}{2}(B^2 v/\mu_0) \tag{2.9}$$

这里体积 $v=Ad$,$\mu_0$ 是真空中的磁导率。

空间可以储存磁场能量。在这个意义上,每个空间体积都有电感。这与静电场中情况相对应,每一个空间体积都有电容。

带电流的孤立导体周围都有磁通存在。单位长度的磁通定义为单位长度的电感。如图 2.4 所示的圆形铜导线的电感是长度的函数,而基本上与导体直径无关。在工作频率为 10MHz 时,20 英寸长的#19 导线的阻抗约为 120Ω。20 英寸长的

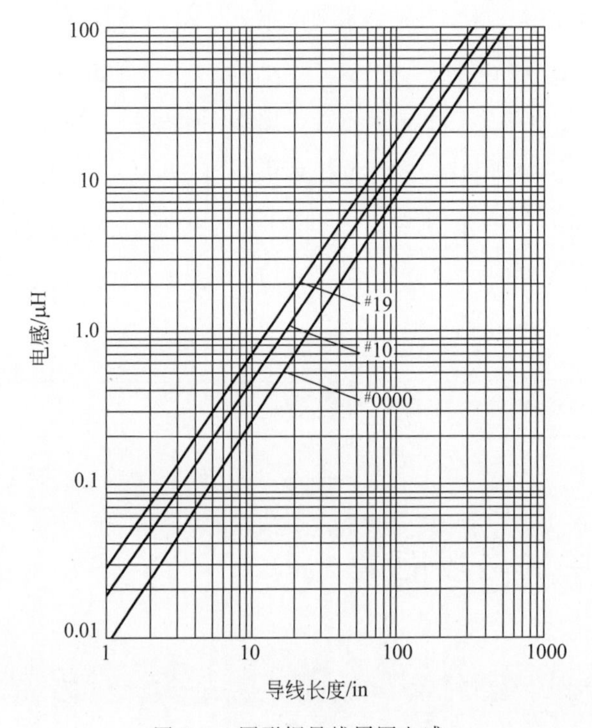


图 2.4　圆形铜导线周围电感

#0000 导体的阻抗约为 48Ω。三个并联的#19 导线间距为几英寸时的阻抗约为 30Ω。很明显，铜的数量并不是问题，是铜的几何形状使这些值不同。在高频时，基本上不可能把两点短接在一起。这个将在本书的后面进行重点讨论。

---

**注意**　重的导体并不是限制电势差的解决方案，原因是它们不能脱离场。

---

## 2.8　电子漂移

导体中的电流是电荷的运动。在一个典型的电路中，电子的平均速度非常低。因为导体中的每一个原子都能贡献一个电子，而原子的数目为阿伏伽德罗常数（Avogadro Constant），即 $6.022\times10^{23}$/mol［表示 1 摩尔物质（此处是导体）所含的原子的数量］。在一个典型的电路中，导体载流时，电子的平均速度小于 0.001in/s。这也是进一步使用磁场解释能量运动的原因。

---

**注意**　本章接下来的内容涉及电感器和变压器等电磁学知识。读者可以跳到第3章，而不会影响学习。

---

## 2.9　磁路

在设计电动机、发电机和变压器时需要磁性材料。在制作实际的电感器时也会用到这些材料。为了理解磁性材料的作用，如图2.5所示，线圈导线缠绕在一个简单的磁性材料的环形磁芯(铁芯)上，并假设在 $t=0$ 的开始时刻有一个稳态电压 $V$ 在线圈两端上。

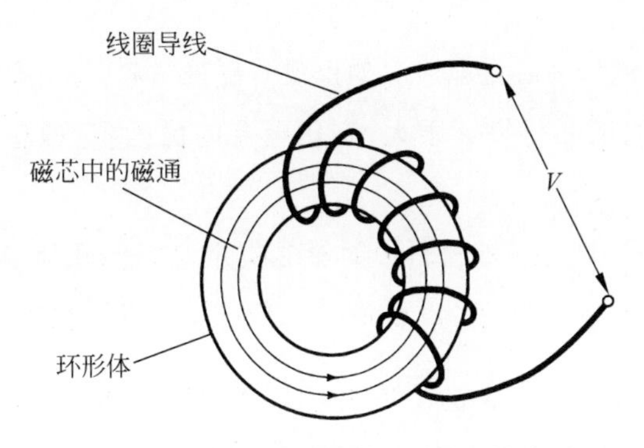


图2.5　缠绕在磁性材料环形磁芯的线圈

从式(2.5)可知，电压取决于场 $B$ 的变化率或 $\mathrm{d}B/\mathrm{d}t=V/nA$。在典型的电力变压器铁芯中，最大的磁场强度约为1.5T(15 000Gs)[①]。如果 $V$ 是常值，可以计算出经过多长时间磁场强度可以达到这个量级。因为 $B=tV/nA$($A$ 是面积)，当 $B$ 达到1.5T时，时间 $t$ 为

$$t=\frac{nAB}{V}=\frac{1.5nA}{V} \tag{2.10}$$

---

① 变压器设计中常用高斯(Gs)作为单位感应磁场的单位，$1\mathrm{Gs}=10^{-4}\mathrm{T}$。

式中，假设面积 $A$ 是 $1\text{cm}^2(10^{-4}\text{m}^2)$，$V=1\text{V}$，$n=100$ 匝，时间 $t$ 为 0.015s。这个时间取决于磁芯中的磁性材料类型。

这个场 $B$ 相关联的场 $H$ 可以通过安培定律决定。假设场 $H$ 在环形磁芯中是常数，而且选择一个闭合路径穿过所有线圈匝数，可得

$$\oint H\,\mathrm{d}l=2\pi rH=nI \tag{2.11}$$

$$I=\frac{2\pi rH}{n} \tag{2.12}$$

为了计算 $I$，需要得到磁性材料 $B$ 与 $H$ 的关系。根据式(2.4)，有

$$I=\frac{2\pi rB}{n\mu_R\mu_0} \tag{2.13}$$

假设 $r=0.1\text{m}$，$\mu_R=1$，设 $\mu_0=4\pi\times10^{-7}$，$I$ 的值为 7500A，很明显这个量级的电流是不可接受的；如果磁性材料的相对磁导率为 50 000，电流减小到 0.15A，则是可接受的数值。

场 $B$ 所需的电流称为磁化电流。如果没有磁性材料，这个例子中的电路就没有实际价值。如果材料的磁导率无限大，磁化电流的值为零，理想变压器就不需要磁化电流。

有趣的是，要通过计算磁性材料中的储能决定电感的几何形状。环形体的体积 $v$ 接近 $2\pi\times10^{-5}\text{m}^3$。举个例子，设置最大 $B$ 等于 1.5T。根据式(2.9)，设置 $\mu_0=4\pi\times10^{-7}$，如果 $\mu_R=50\,000$，能量 $E$ 是 $4.5\times10^{-3}$J。根据关系式 $E=\frac{1}{2}LI^2$ 计算得到电感值为 0.4H。这是一个不实用的电感器，因为只能存储 $4.5\times10^{-3}$J 能量而且在电流为 150mA 时磁芯已经接近饱和。

## 2.10 带气隙的磁路

下一步考虑在图 2.5 中的磁路具有空气间隙的影响。如图 2.6 所示，当在线圈上施加电压 $V$ 时，根据法拉第定律，场 $B$ 将会增加。气隙对场 $B$ 的建立没有影响。记住场 $B$ 沿着磁路是连续的。磁性材料中场 $H$ 是 $B/\mu_0\mu_R$。气隙中的场 $H$ 是 $B/\mu_0$。

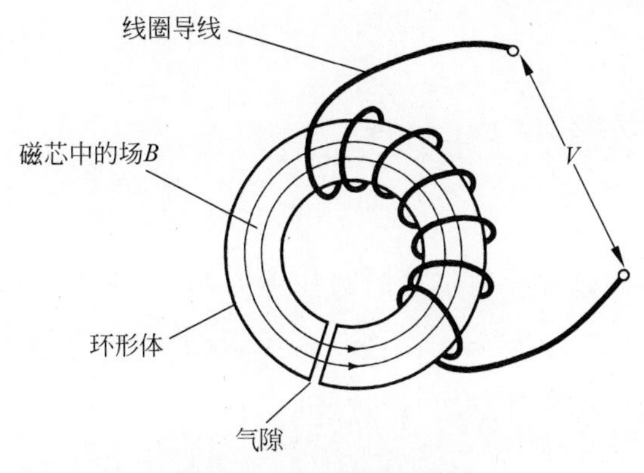


图 2.6 带有气隙的磁路

注意,场 $H$ 在气隙中大于磁性材料中。

场 $H$ 在气隙中必须为 $B/\mu_0$,或者 1.5T 除以 $4\pi\times10^{-7}$,或者 $1.19\times10^{-6}$A/m。对于 100 匝,电流需求减少为原来的 1/100。在气隙长为 $10^{-3}$ 中建立场 $H$ 需要的电流是 11.9A。如果磁性材料中建立这个场所需的电流还是以前的值(150mA),总的电流值将为 12.05A。

气隙中的储能为 $B^2v/2\mu_0$,这里气隙体积为 $1\text{cm}^2\times0.1\text{cm}=10^{-5}\text{m}^3$。这个能量为 $1.12\times10^{-5}/4\pi\times10^{-7}=8.75$J。在没有气隙时储能为 $4.5\times10^{-3}$J,它是很小的数值。利用式(2.8)计算电感为 0.241H,这是很大的数值。

**注意** 磁场能量大部分储存在空气中而不是在磁性材料中。

对于几何体中包含空气和电介质的情况,电场能量主要存储在空气中,如图 1.7 所示。

环形磁性材料保证场 $B$ 能量主要集中在气隙中。磁场沿着导磁材料的路径,而这路径上的能量比在空气空间周围利用得少。这是另一个例子,自然中场的配置是储存最少的能量。在这个例子中,场 $B$ 接近最大值。如果磁性材料开始饱和,储能的能力就丧失了。当磁性材料饱和时,相对磁导率为 1。

图 2.6 中带有气隙的环形铁芯,称其为电感器。在不同频率下,电感器的品质取决于磁性材料的类型及线圈的绕制方式。

## 2.11 小电感器

微亨级的电感器通常绕制在小的圆柱体磁芯上，磁通路径就是电感器周围的空间。因为很少的能量存储在磁性材料中，这些电感器中的能量主要存在于其周围的空间中。一个导体穿过一个或几个铁氧体磁珠可以形成一个电感器。电感量在纳亨(nH)级。1nH 电感在 1GHz 时阻抗只有 6.28Ω。这个等级的电感只在非常低阻抗电路中有效。如果有任何低频电流在这个导体中，磁芯就会饱和。这种磁芯用来隔离导体，来减少耦合。在这种情况下，磁性材料是不需要的。重要的是要认识到大部分磁性材料的相对磁导率在几兆赫兹以上是急剧下降的。

## 2.12 自感和互感

一个电路中电流产生的磁通能够耦合到周围电路(第二个电路)中。这个耦合的磁通称为漏磁通(leakage flux)。这个在第二个电路中耦合的磁通与产生它的电流称为漏磁或者互感(mutual inductance)，用符号 $L_{12}$ 表示，代表了电路 1 中的流动电流与电路 2 中耦合的磁通。符号 $L_{11}$ 代表了自感(self-inductance)。图 2.6 中的电感器自感为 0.241H。在这种情况下，电感器的磁通与它自身的线圈耦合。

图 2.6 中，有一个与带电导体相关的场 $H$。这是场 $H$ 的漏磁通，没有经过磁芯所在的磁路。这意味着电路与环形体非常接近从而能够与这个场耦合。在气隙周围的漏磁通应该很多。许多电感器利用杯形磁芯。在这种几何体中，气隙在磁性的正中心，漏磁通量可以很好地被控制。

电路符号中的电感意味着场能量存储在电感器中。小容量的电感器(微亨)经常在器件周围空间中储存一部分的场能量，一些辐射出去不能回到电路中，这是电路理论没有涉及的情况。第 3 章将讨论辐射。

## 2.13　变压器的作用

当一个稳态电压连接在图 2.5 中的线圈上，$B$ 随着时间线性增加。从式(2.10)可看出，如果 $n=100$ 匝，电压为 1V，场 $B$ 将在 15ms 后到达 1.5T。如果电压是 10V，时间将为 1.5ms。当场 $B$ 达到 1.5T 时，可以改变电压极性。极性改变之后磁通(磁通量)密度开始减小。在另一个 1.5ms 时间后磁场强度又变为零。再过 1.5ms，磁场强度变为−1.5T。在这一点，如果有第二次电压极性反转，磁通将会在下一个 1.5ms 重新回到零点。整个周期时间为 6.0ms。如果这个周期连续不断重复下去，结果波形是个频率为 166.6Hz 的方波。我们讨论的场 $B$ 独立于磁芯材料的磁导率。磁通形式以及线圈电压如图 2.7 所示。

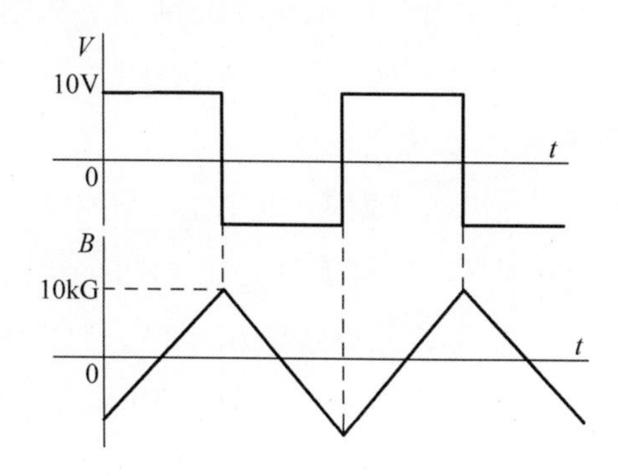


图 2.7　变压器施加方波电压波形时的磁通形式

图 2.7 所示的方波电压没有直流分量。理论上，如果有直流分量在上面，磁芯将会在几个周期内饱和。实际情况中微小的直流分量也是可以接受的。不利结果是产生磁化电流流动非对称性以及电压波形的一些畸变。

---

**注意**　磁化材料用来限制磁化电流。

---

现在考虑如图 2.8 所示的带有两个线圈的磁芯。这两个线圈分别叫作原边和副边。如果原边线圈施加电压，场 $B$ 与这两个线圈耦合。一个示波器接在副边线圈上将会看到频率 166.6Hz 的方波。因为原边方波电压波形幅值为 20V，副边电压也是

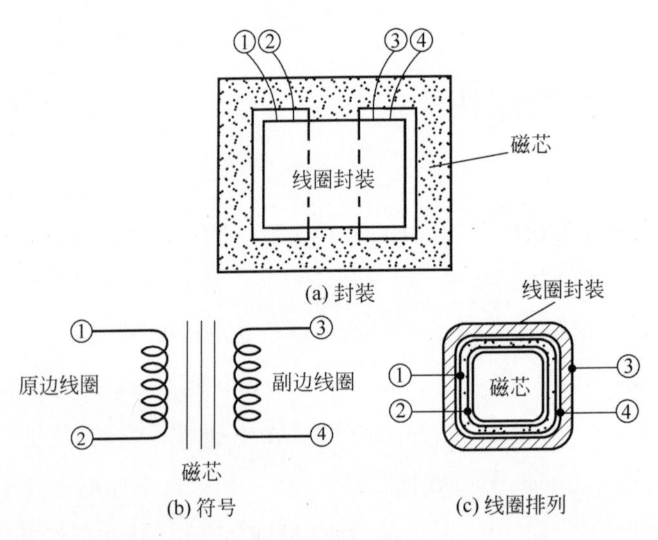


图 2.8 一个磁芯带两个线圈构成的简单变压器

同样的数值。如果副边匝数增加到 200，电压将达到 40V 的幅值。如果原边和副边的匝数同时加倍，电压将不会变化。区别在于 $B$ 最大为 0.75T。因为磁化电流与场 $H$ 成正比而与线圈的匝数成反比，磁化电流将减小到 1/4。

如果一个负载电阻放置在副边线圈上，电流流动服从欧姆定律 $I=V/R$。为了保证净场 $H$ 是常数，必须有同样的安培匝数电流在原边流动。如果原边是 100 匝，副边 200 匝，副边电流为 0.1A，那么原边电流为 0.2A。原边线圈电流必须等于磁化电流加上负载电流。在一个设计良好的变压器中磁化电流数值保持在负载最大电流的百分之几的量级。通常认为磁化电流产生了磁性材料中的场 $B$。

储存在磁性材料中的能量在磁化电感中。理想情况是电流在电感器中流动没有热量产生。这里有一些热量损失，因为磁化电流经过原边线圈的电阻。当这些电流与变化的磁场相关联时，磁性材料有涡流损失（见 2.14 节）。考虑 10kW 变压器的热量损失，损失 1%（100W）将是一个优秀的设计。这个数量的热量可以引起变压器中心的温度上升，经常需要在这个容量的变压器中加上风冷进行冷却。

在变压器中，副边负载阻抗反映为原边乘以匝数比的平方。上例中匝数比为 1∶2。一个 100Ω 的负载电阻反映在原边则作为一个 25Ω 的负载。为了说明这是正确的，考虑一个副边电压 10V，电流 0.1A 或者功率为 1W。在原边，电压为 5V，电流为 0.2A。原边电压源看作电阻为 5V/0.2A＝25Ω。

实际变压器在线圈加工过程中有串联漏电感和并联电容。这些电抗可以看作是原边电压的负载。电抗负载通过变压器的匝数比的平方折算到原边。这意味着副边漏电感乘以匝数比的平方而副边电容除以匝数比的平方折算到原边。图 2.9 给出了变压器的等效电路。图中给出的变压器符号是个理想变压器,匝数比为 1∶$n$;磁化电感为 $L_M$;线圈的电阻分别为 $R_P$ 和 $R'_S$;与原边线圈和副边线圈相关联的电容分别为 $C_P$ 和 $C'_S$;漏磁通相关联的电感为 $L_P$ 和 $L'_S$。这里需要指出,这些数值都是经过与变压器原边进行匝数比平方折算过的,副边的漏电感和漏电阻除以 $n^2$,副边并联电容乘以 $n^2$。

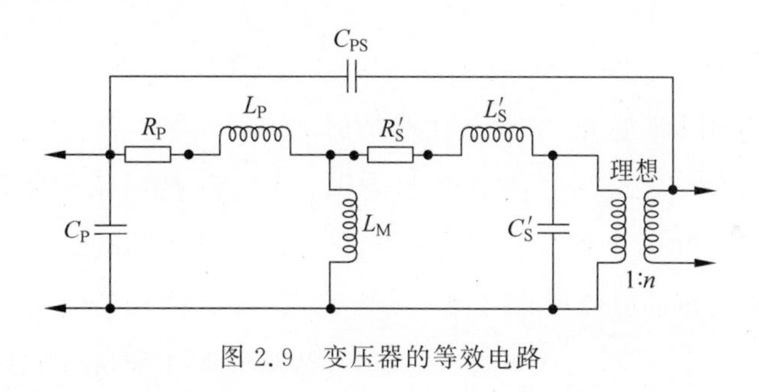


图 2.9　变压器的等效电路

负载电流和磁化电流都流经原边漏电感,只有负载电流流经副边漏电感。这意味着漏磁通与负载是关联的。在大负载变压器装置中,负载电流可以达到几百安培。这些变压器中的漏磁通干扰一些计算机的显示器或磁存储器。在设计变压器时,限制漏电感的方法可以利用原副边线圈的交叉以充分利用磁芯材料,这样可以减小线圈每伏的匝数。

变压器线圈关联的并联电容与电场中储存的能量相关,如果导体上有电压差,必定存在场 $E$。沿着导体上的每一导体元素与其他的导体元素的间距与电压差决定了储存的场能量。绕制线圈时起始匝数和末端匝数距离太近将会增加电场中储存的能量。在一些电力变压器中起始端和末端是分开的以避免电压击穿。大部分场能量是存储在空气中的,因此电介质对寄生电容的影响不大。原边与副边线圈之间的电容是个复杂问题,将在后面进行讨论。

变压器的磁化电感的测量可以通过副边线圈开路得到。结果取决于电压等级和频率的选择。漏电感的测量可以通过对原边线圈测量,这时所有副边线圈短路。

测试电压必须为额定电压的很小的一部分。

当一个电压外加在变压器原边线圈上时，有一个电场存在。当电流建立起来时有一个磁场。变压器通过能量传输时这两个场同时出现。如所看到的，在电容器中或电感器中储存能量需要电场和磁场同时存在。变压器要求电场和磁场同时把能量从原边传递到副边。

## 2.14 磁滞和磁导率

磁性材料中场 $B$ 和场 $H$ 的关系不是线性的。图 2.10 给出了典型材料的 $B$-$H$ 曲线。最大的 $B$ 值和最大的 $H$ 值的比值是测量的磁导率。典型的 $B$-$H$ 曲线给出了 $B$ 是正弦变化的情况。注意，这个测量的磁导率随着 $B$ 的变化而变化。$B$-$H$ 特性也随着原边电压和频率而变化。这意味着磁导率图是近似测量，具有复杂的关系。在磁场中有大量的磁性材料可用。一方面，在较小的 $B$ 值时，高硅变压器钢没有高的磁导率；另一方面，在低的磁通密度时，坡莫合金(Mumetal)具有非常高的磁导率。但坡莫合金价格昂贵，使用起来有些困难。铁氧体材料在高频时有优良的磁导率。磁性材料的制造商提供给设计者磁滞曲线以供他们利用材料的期望性能。

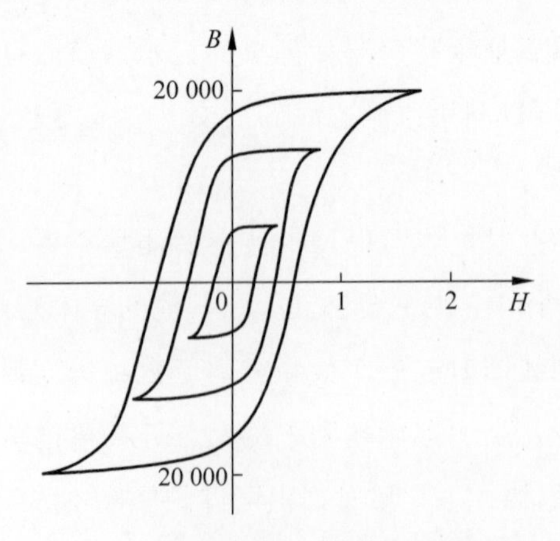


图 2.10 典型材料的 $B$-$H$ 曲线(磁滞曲线)

对于正弦电压，$B$ 和 $H$ 的非线性关系意味着磁化电流不是正弦变化的。因为磁性材料达到饱和，对于磁化电流的需求显著增加。对于小型电力变压器，来自磁化

电流的 $IR$ 压降能够导致副边电压波形畸变。在这种情况下,$B$ 场和 $H$ 场都是非正弦变化的。

在工作频率为 60Hz 的变压器中,磁通密度的最大点发生在电压过零的时刻。如果磁芯饱和,将会在电压过零点之前产生过多的磁化电流。这可以作为本书中干扰的典型特征。如果电压畸变发生在电压的峰值时刻。这个问题通常同整流器中电容器需求的峰值电流相关。

## 2.15 涡流

考虑一个带有磁性材料的导体中的闭合环形路径,如果穿过该闭合环形路径的场发生变化,必然产生电压。这个电压在磁性材料中导致涡流流动而产生热量。这个感应电流的环流动在变化磁通线的周围。限制这个电流流动的一个方法就是采用薄绝缘叠层加工成磁芯。典型的应用是,在工作频率为 60Hz 时,采用 15mil(1mil=0.002 54cm)的叠层,而在 400Hz 时,叠层的厚度为 6mil。这些薄的叠层打断了电流路径但并没有明显降低磁芯效率。

在工作频率高于 400Hz 时,变压器优先采用的磁芯材料是铁氧体。铁氧体是用性能良好的粉末状磁性材料混合制成的。当这个混合物烧结后,其材料特性类似陶瓷绝缘材料。这种磁性材料的涡流损失非常低。直流-直流变换器利用铁氧体磁芯变压器,因为它们优良的高频特性。图 2.11 给出了一个典型的铁氧体杯形磁芯的组成。

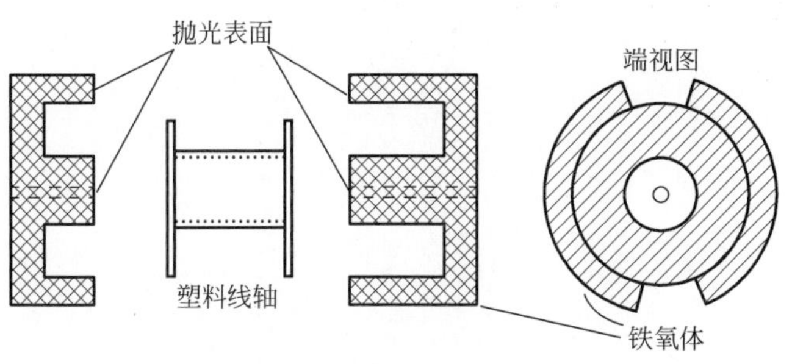


图 2.11 铁氧体杯形磁性结构

变压器线圈绕制在线轴上，线轴安装在磁芯的中心的腿上。杯形磁芯也可以具有内置的中心气隙结构。这个结构是加工电感时的一个理想结构。如我们曾经看到的，气隙减小磁芯的有效磁导率但是提供了能量的储存。在变压器的应用中气隙是不需要的。为了减小气隙，啮合面是精细加工和抛光的。这些杯形磁芯一般是配对的。

# 第3章 数字电子技术

建筑物有墙壁和大厅，人们在大厅中穿行，而不是在墙壁上；

电路有布线和空间，能量在空间中传播，而不是在线路中。

——拉尔夫·莫里森

**本章导读**

本章讨论在成对的导体上传输能量需要电场和磁场，并且将在场中传输电能的思想扩展到印制电路板上的布线和导电平面。逻辑信号是在电路板上各点之间传输场能的波。根据不同的传输线连接状态，这些波会被反射或被传输。有几种重要的能量源对电路的性能起作用。这些能量源包括连接逻辑、接地和电源平面及去耦电容器。其中，去耦电容器实际上是提供能量的短传输线。

本章详细讨论了通孔在传输路径中的应用，强调了能量不能通过导电平面这一事实。在A/D转换器中，限制干扰耦合是保持模拟场和数字逻辑场分离的一个关键问题。此外，本章还讨论了平衡输电线路的终端问题。

位移电流及其相关磁场的概念是非常重要的，这些解释了场能量是如何流入传输线并在波的前沿被置于电容中。当波沿传输线向下传输时，辐射发生在波的前沿。

## 3.1 引言

本章涵盖了导体的几何形状，但不包括连接逻辑或软件等内容。电路板使用多个接地和电源平面，并与布线混合，将存储器、逻辑器、微处理器、光学器件、电源和数据流以及模拟组件互相连接。一个成功的布线需要考虑如何利用传输线将存储在去耦电容器中的能量转移到多层电路板的元件上。这些波能够依靠携带的能量来操作元件，同时它们也可以传输逻辑信号和干扰。电路板设计者的任务就是通过设计保持这些元件的功能独立运行。

## 3.2 电能的传输

一般认为导体是用来传输能量的，这在电路理论中是毋庸置疑的。但实际上，导体本身是不能传输和储存能量的。前面已经讨论了电压和电流及其相关的场，这些场能够储存能量，同样这些场也可以传输能量，而导体只是为能量流动路径提供了方向指引。电场和磁场是把能量放置在电容器、电感器或者变压器上。这两个场是能量在两个导体上转移的根本原因。例如，手电筒中的直流电有这两个场，200kW 的配电系统中也有这两种场。图 3.1 给出了手电筒中相关联的电场和磁场。

**注意** 能量并不是在导体中传输的，能量是在导体周围空间中的电场和磁场中传输的。

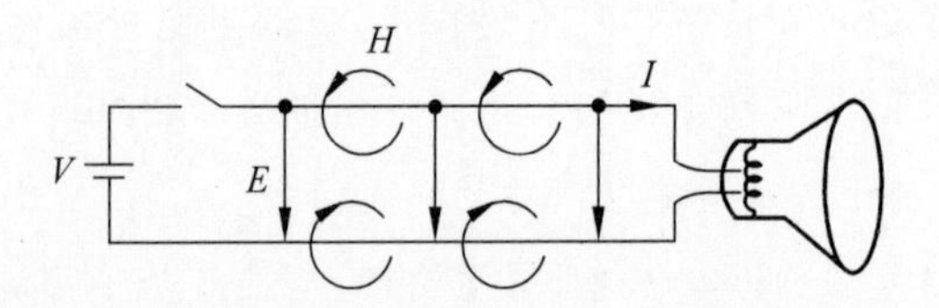


图 3.1 手电筒中相关联的电场和磁场

**事实** 导体的作用是为能量流动路径提供方向引导。

可以通过电压变化的形式传递“信息”，这个电压变化意味着变化的电场。一个变化的电场意味着位移电流以及相关的磁场。磁场虽然很小，但是也是必须存在的。

**注意** 电"信息"的传递需要同时存在电场和磁场。

## 3.3 传输线

传输线理论最初被无线电工程师用来解释能量如何从传输线(管)发送到射频天线的过程。早期,这些传输线经常只是一对开路导线。设计的目标是避免反射及传输最大的能量到射频天线。这个理论经常用分布式电感及电容描述导体。让人有一个观念,能量是存储在电感、电容中,但是实际情况并不是这样。与开路传输线相关联的是两个导体中间的场,但是一些场能量离开进入到周围空间中。在后面将会讨论到,一些能量通过辐射逃离。

印制电路板上的走线是小的传输线。这些走线辐射一小部分能量。因为单个电路板上走线有几千条,因此这个辐射必须要考虑。第 7 章会介绍该内容。波的传输速度为$(LC)^{-1/2}$,这里电感和电容的值是测量一对走线上每单位长度的数值。

为什么场能量沿着一对导体传输?答案很简单,能量更容易沿着这些路径传输,然后跃入太空。对于频率为 60Hz 的电力传输,两个导体之间很少有能量离开并辐射出去。这个场随着导体到相应的位置。在频率为 400Hz 时,开路导线上的电能分配被限制在几百英尺[①]内。超过这个频率的电能传输必须在导体内进行。这个导电的导体称为同轴电缆。

能量沿着场的方向从电源流向负载。当一个新的负载添加到电路中,场的变化传回电源。电源适应这个电场,给这个场提供更多的能量。这意味着在电源和负载间的周围空间中有一个变化的场。根据法拉第定律,电路共享同样的空间,因此电源电路将会与这个变化的场耦合。这个耦合叫作干扰。如果将电源产生的场限制在较小的空间,干扰是可以避免的。如果不是从场的观点看能量的传输,这个耦合

① 1 英尺等于 0.3048 米,即 1ft=0.3048m。

的过程不会表现出来。所需的能量通过场传输。如果所需的能量是个阶跃函数，变化的场引入的干扰进入附近的电缆，从而进入电路硬件中。

**注意** 场传输的电能包含所有的频率（包括直流），变化的负载引起干扰从而耦合到附近的电路中。

## 3.4 传输线的运行

考虑图3.2中的电源、开关和传输线，假定传输线一直延伸到无穷远处。当开关闭合时，场 $E$ 沿着传输线出现，在第一个时间增量，电荷流动到第一个增量传输线电容中。流动电荷形成的电流产生了与第一个增量电感关联的单位磁场，这个增量电感与导体中的电流都有关系。在第二个增量时间，第二个增量电容接收到电荷产生下一个磁场增量。在每个增量时间都有同样的电荷，从而产生稳定的电流。效果是携带场能量的波沿着传输线向下传输，使场 $E$ 和场 $H$ 充满在空间中。典型传输线的波传输速度大约是光速的一半。

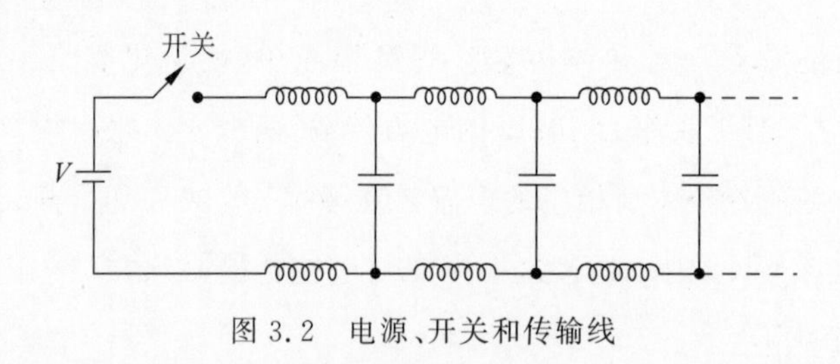


图3.2 电源、开关和传输线

固定电压源和固定电流源暗含着传输线看起来像一个电阻，这个电阻称为传输线的特性阻抗。在电路理论中，阻抗这个术语常常指的是正弦波和相移，但是经常被工程师用在传输线中而不考虑波的形式。传输线有一个以欧姆为单位的特性阻抗，在这个电阻中也没有损耗。

## 3.5　传输线场形式

图 3.3(a)给出了两个平行带电导体周围的场 $E$ 和场 $H$ 的形式。这些导体可能是印制电路板上的走线。图 3.3(b)给出了一个导体在导电平面的方向图。在导电平面上的场形状和图 3.3(a)中的一样。注意场 $E$ 在导体下面的导电平面的终止形式。这个场的终点表明电流沿着这个面的方向图。而不管电压表示的是逻辑信号还是用于直流配电中，这种波形是一样的。图 3.3(b)中的特性阻抗是图 3.3(a)中的一半。

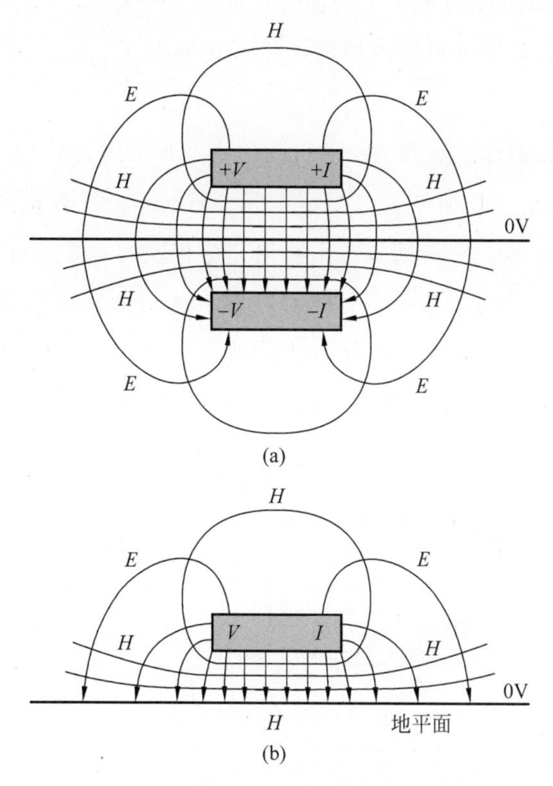


图 3.3　传输线周围的场 $E$ 和场 $H$ 的分布图

接地平面可以是传输线上传输能量的导体之一。事实是电流回流到接地平面，这个返回电流支持正在向前移动能量的磁场。

---

**注意** 能量不能消失。能量只能消耗在电阻中，或者辐射出去，或者存储在其他器件中——转移到其他地方去。

---

## 3.6 端接传输线

当波到达传输线的末端，端接一个电阻，该电阻等于传输线的特性阻抗，没有反射。源电压延迟出现在终端电阻上。该波动如图 3.4 所示。3.20 节将讨论端接传输线更有效的方法，其中反射波返回的电压等于源电压，并且沿传输线的电流设置为零。

在图 3.4 中，传输线显示为两个平行的导体。开关闭合后，波传输到终端电阻，然后所有波动都停止。终端电阻上的电压等于源电压。具有相同特性阻抗的地平面上的导线、平行导线或一段同轴电缆将以完全相同的方式运行。图 3.5 中，传输线的类型并不重要，用单线表示。与传输线相关的电压和阻抗显示在线路上。沿线的 X 代表一个开关。无穷大符号∞表示线路很长。在传输线末端反射或传输的各个波显示在一组附加时间线上。箭头表示每个波形生成后的方向。虽然选择

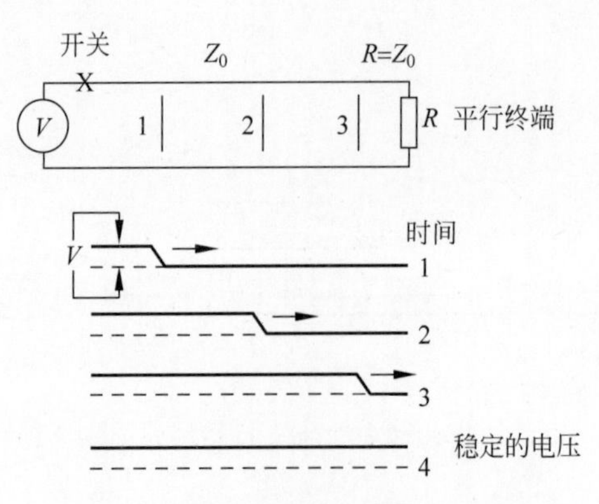


图 3.4 端接传输线特性阻抗的波形图

用于显示每个波位置的时间有些随意，只是为了呈现传输中涉及的所有波的时间和方向。

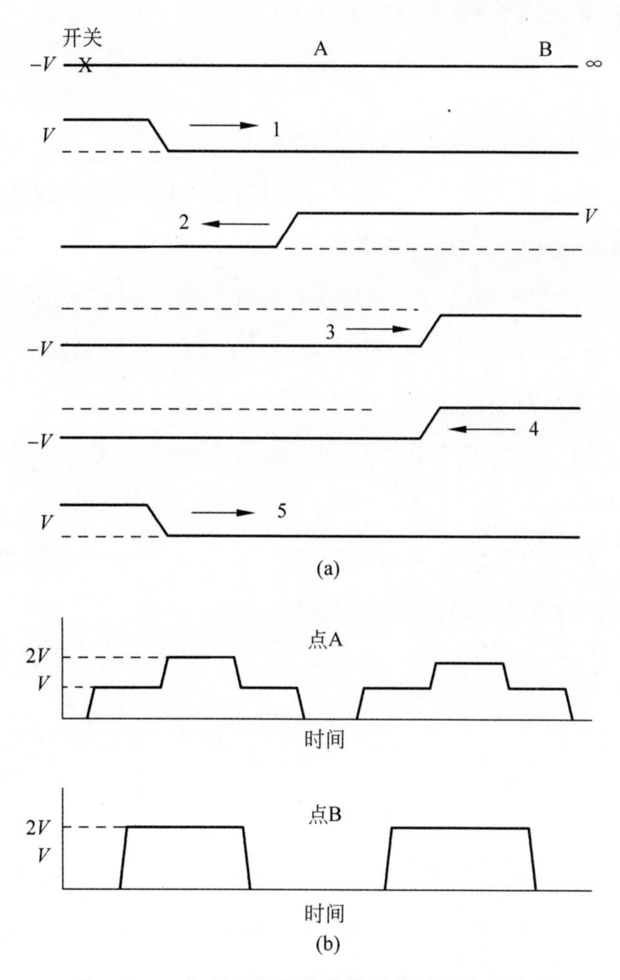


图 3.5 一个理想的开路传输线的阶跃电压波形

图 3.4 显示了只有一个波及其所有反射。任意数量的波可以同时使用传输线。值得注意的是，不同波中的能量可以同时在两个方向上流动。传输线中的能量最初存储在传输线的电容中。最后，这种能量耗散或辐射出去。耗散的可以是电阻或电介质。

## 3.7 未端接的传输线

当波到达一条开放(未端接)传输线的末端时,能量不能溢出到空间中。反射波产生,允许能量继续从电压源流出。这两个波将线路上的电压加倍。该反射波抵消了电流。当反射波到达电压源时,总电压加倍。对于阶跃电压,源电流变为零,第二次反射将波能量重新发送到线路。如果没有损耗,则线路远端的电压将显示为双电压的方波。如果查看传输线中心的电压,就会发现阶梯电压。源端子处的电压将保持恒定。实际上,在往返期间提供给线路的场能量仅仅来回移动。在实践中,波通过损耗迅速失去其特性,并且在几个周期内电压达到稳定值。假设没有损耗,反射波形如图 3.5 所示。

在典型的数字电路中,终端可以是非线性的,并且反射不像这里所讲的那么简单。许多终止逻辑路径的逻辑门表现为小电容。

## 3.8 短路终止

在理想情况下,传输线在短路时终止,则第一次反射必须抵消电压。反射波背后的电流加倍。来自电源的第二次反射为线路增加了新的能量。现在电源提供的电流是原来的 3 倍。在第二次往返之后,电流是初始值的 5 倍。这种阶梯电流一直持续到保险丝熔断或导线熔化。当前模式如图 3.6 所示。

电压源直到反射波返回到源极才可以检测到线路末端的情况。时间延迟不是电路理论的一部分。

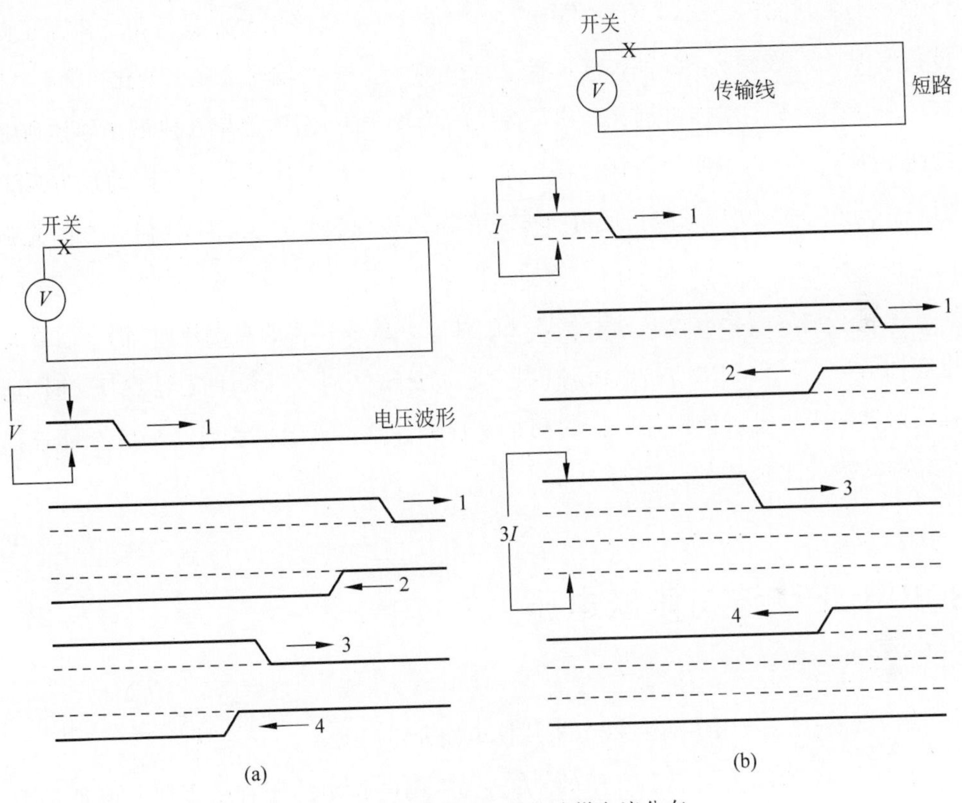


图 3.6 传输线短路端的阶梯电流分布

## 3.9 现实情况

在前面的例子中,发送信号是逻辑转换的阶跃函数。这种传输和反射过程将发生在任何类型的信号上,包括正弦波、斜波或噪声。波的前沿上的斜波将出现在每次反射和透射中。值得注意的是,可以通过将在不同时间开始的一系列阶跃波相加来形成一般波形。如果传输线用于一个阶跃波及其斜波,它将按顺序用于任意数量的这些波。这意味着传输线将支持任何形状的波。

大自然是不挑剔的。对它而言,所有导体对都是传输线。形成导体对的导体可包括接地线、金属片、屏蔽电缆、开路电线、建筑钢、电话线、导管和电源线。这些导体对是不规则的传输线，具有变化的特征阻抗。许多线路以开路或短路结束。正弦波信号保持正弦波形，但阶跃波（带斜波）在复杂结构中传输时会发生变化。

来自远端源的场能将耦合到这些奇怪的传输线中，因为使用几何形状导体所需的能量少于在自由空间中传播所需的能量。这种能量会从所有不规则的地方反射回来。同理，进入房间的光线反射并被所有物体表面吸收。房间中任何一点的光强度都很难计算。类似地，排列的导体场强也很难计算。

来自本地源的场耦合取决于源是电还是磁。接近变化的高电压时，耦合通常是电容性的。在接近变化的高电流时，耦合通常是磁性的。在频率高于1MHz时，远程辐射器的耦合可以使用任一场的测量来近似。这一点足以说明几乎所有耦合都与环路面积成比例。

## 3.10 正弦波与阶跃电压

电气工程师对于使用正弦波分析线性电路非常熟悉。

在线性电路中，如果驱动电压的是正弦波，则电路中的所有电压和电流都是正弦波，这就是信号选择。电力行业的工程师通过产生正弦波电压使得正弦分析变得有意义。在数字世界中，信号涉及阶跃函数和时延，并且通过实例去探究最佳的方式。这些问题与能量流动的关系比波形分析更为密切。

逻辑信号都具有频谱。波前沿的上升时间越短，正弦波的频率越高。当研究辐射或交叉耦合问题时，这是需要考虑的一个因素。在了解干扰水平的时候，选择单个频率进行分析通常很有用。有关此分析方法的进一步讨论，请参见6.4节。

## 3.11 数字电路发展的历史

在数字时代之前，模拟电路是使用点对点布线构建的，其中金属底盘提供了一个接地平面和屏蔽。早期的数字电路使用了很快被放弃的绕线技术。该技术无法支持日益增长的逻辑电路速度。双面板不能支持接地平面,多层电路板成为必需品。随着时间的推移,电路密度增加,电路板成本下降,线路宽度减小,通孔已经成为一种好的方式。越来越多的逻辑电路和存储器被放置在半导体元件中,并且运行速度急剧增加。许多隔离技术被提出,包括射频和光学链路、更小的连接器和更好的板材料。唯一没有改变的是基础物理学。由较短的上升时间引起的辐射已成为一个重要的问题。

## 3.12 理想条件

在零时间时没有任何事情会发生。在数字逻辑中,皮秒是一个要考虑的因素,因为对于人类来说,它非常接近零时间。讨论能量在组件之间移动方式的问题之一是必须使用理想的开关。如果逻辑线路工作在 1GHz,则 10ps 的上升时间很重要。当认识到使用的开关必须比电路小得多时,问题就更加复杂了。必须在讨论中使用理想的开关,这是我们了解电路操作的唯一方法。

我们将使用理想的开关、理想的终端,并且在许多情况下忽略引线长度和引线电感。在分析中,假设所有频率的波都有零阻抗电压源。在许多讨论中,16in 的导线是传输线。另一个更严重的限制是终端电阻的真实特性。典型的电阻至少有 1pF 的并联寄生电容。安装在电路板上时,并联的寄生电容可能是 3pF 或 4pF。在波的频率为 1GHz 时,这是小于 50Ω 的电抗,这是不考虑任何串联电感或任何非线性的情况。电阻器也可以被认为是短的有损传输线。

## 3.13 反射和透射系数

在检测电路板上的能量流之前,需要两个重要的方程:第一个是反射系数方程;第二个是透射系数方程。考虑具有不同的特征阻抗的级联传输线。这与将传输线端接在电阻器上是完全相同的问题。显然,如果终端电阻是匹配的,则能量在没有反射的情况下流过。已经知道，如果终端是开路（无限阻抗），则反射波等于前向波，电压加倍。如果终端阻抗为0Ω，则反射波为前向波的负值，电压为零。反射系数方程为

$$\rho=\frac{(Z_1-Z_0)}{(Z_1+Z_0)} \tag{3.1}$$

波从 $Z_0$ 处传播到 $Z_1$ 处。如果 $Z_1=Z_0$，则 $\rho=0$。如果 $Z_0$ 非常大，则 $\rho=-1$。如果初始波是 $V_0$，则反射波是 $\rho V_0$。如果反射发生在电压源，那么 $Z_1$ 被认为是0Ω。如果反射发生在开路（例如晶体管栅极），则 $Z_1$ 被认为是无穷大。

阻抗转变时的透射系数方程为

$$\tau=\frac{2Z_1}{(Z_1+Z_0)} \tag{3.2}$$

如果 $Z_1=Z_0$，则 $\tau=1$；如果 $Z_0$ 很大，则 $\tau=0$。如果初始波是 $V_0$，则透射波是 $\tau V_0$。

在复杂的结构上，任何传输线段上的电压是初始条件和通过该点直到时间 $t$ 的所有透射和反射波电压之和。波前的速度在式(3.3)中给出，其中 $c$ 是光速，$\varepsilon_R$ 是相对介电常数。该等式可用于定位每个波阵面在反射波和透射波产生时的位置。

$$v=\frac{c}{\sqrt{\varepsilon_R}} \tag{3.3}$$

对于玻璃环氧树脂，相对介电常数约为4。在电路板上，波传播速度约为15cm/ns。

## 3.14 从理想的能源中获取能量

考虑一条10m长的50Ω传输线，连接到理想的5V电源。在时间 $t=0$ 时，将50Ω负载电阻连接到传输线的末端。电路和电压波形见图3.7。

当开关闭合时，前向波和反射波中的电流必须加起来为零。只有当−2.5V的波 $W_1$ 向电压源传播，并且+2.5V的波 $W_0$ 向电阻器移动时，才会发生这种情况。传输线上的电压现在是初始电压和 $W_1$ 的总和，或者是2.5V。当 $W_1$ 达到5V的电压源时，有一个来自零阻抗点的反射。前向波 $W_2$ 与 $W_1$ 的符号相反，或者是+2.5V。

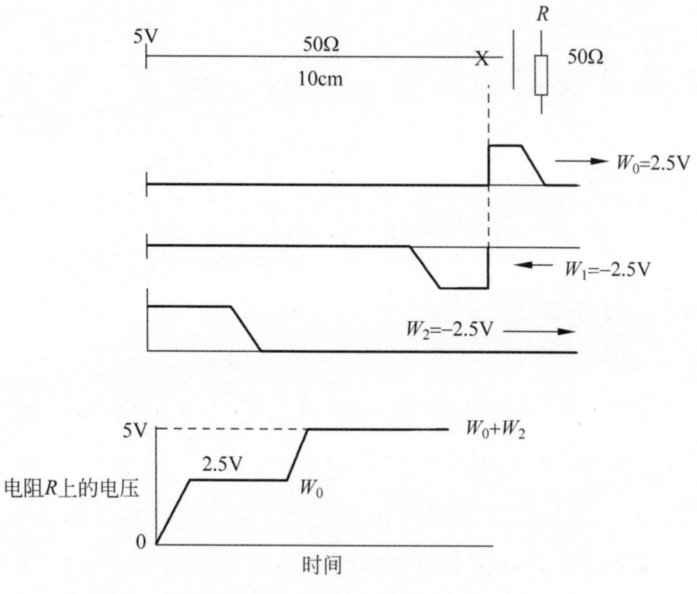


图 3.7　通过阻抗匹配传输线向电阻提供能量的波

$W_1$ 和 $W_2$ 之和为 5V。当这个 2.5V 波到达电阻器时，总电压为 5V 并且波动停止。

在图 3.8 中，传输线与负载阻抗不匹配，并且在电压接近正确电平之前波必须进行了多次往返。这种不匹配导致延迟，这可能比较麻烦。在上面的例子中，负载电阻上电压的阶跃特性很难观察到。电阻上的波形看起来平滑且呈指数形状，就好像这是由电感引起的延迟。短传输线实际上有电感，但它也有电容。如前所述，需要磁场和电场来移动能量。波可以承载的能量是由线路的电压水平和特征阻抗决定的。

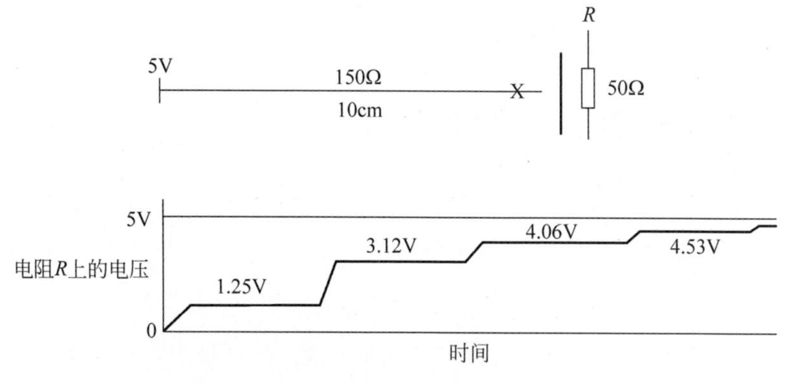


图 3.8　阻抗不匹配时终端电阻上的电压

## 3.15 电容器传输线

电容器是一种双端口器件。如前所述，能量不能同时被移除和补充。去耦电容器的相对介电常数可超过10 000，这意味着波在电容器中的传输速度比空气中慢，是空气中的1/100。例如，一个只有0.2cm长的电容器的传波长度可达20cm，这条线路的特性阻抗可低至1Ω。

应用去耦电容器向元件提供能量的基本问题是，当它们沿50-ω布线放置时，在相同的电压下，波在50Ω传输线所能携带的最大能量是1Ω传输线上能量的1/50。这意味着需要在50Ω线路上设置多次往返线路才能将有用能量从去耦电容器中移出。同样地，这种限制经常归咎于串联电感。为了解决这个问题，可以将布线长度保持为绝对最小值。此外，电容器的双端口仍然是一个问题。

在许多并行高速驱动器的应用中，能源需求可能会非常大。在这些应用中，实际的解决方案是在元件外围安装大量的并联去耦电容器。单个的大电容值通常不是有效的。

在某些应用中，射频能量必须包含在金属壳体内。任何离开外壳的未加屏蔽的引线都会造成能量辐射。这个问题通常是通过使用“穿心”电容器来解决的，这几乎可以等效为一个四端口(双端口)电容器。电容器位于一小段螺纹同轴电缆中，可以过滤穿过导体边界的引线所带来的干扰。

## 3.16 去耦电容器与固有频率

通常使用叠层的电介质和导体来制造电容器，将导电层结合在一起，就形成了电容器的两个端子。它的几何结构决定了进入电介质所需的路径场。如果磁场路径以任何方式受阻，磁场中的凸起会增加串联电感，这也是表示传输路径的特性阻抗已被破坏的另一种方法。

在典型的电路板设计中，使用的是表面安装电容器，它们可以适应自动装配方法，并且不会产生引线电感。通常的做法是观察电容器的固有频率，而忽略其传输线特性。当观察到串联电感电抗等于电容电抗时，可以得到它们的共振频率（谐振频率）。电容值较小的电容器具有较高的固有频率。一种方法是在电路板上设计几个电容器，这样可以在更宽频谱范围内获得能量。遵循的一条规则是，将较小值的电容器设置在需要去耦的有源元件附近。

目前市面上有多种去耦电容器。其中，球栅阵列电容器性能最好，因为它们可以安装在非常接近需求点的地方。典型的 0.01μF 去耦电容器的固有频率为 65MHz，而对于 0.001μF 电容器，固有频率则增加至 112MHz。

当电容器的固有频率超过 100MHz 时，去耦电容器的特性开始发生变化。如前所述，电容器的电磁特性强调了这样一个事实：在这些频率下，该电容器正变为传输线（假设测量的是一个简单的电感和电容的共振现象）。实际的导体几何结构参数更接近于集中参数和分布参数的组合。在这种情况下，过去的方法可能就不太合适了。真正的问题不在于对电容器固有频率的求解，而在于如何在短时间内获取能量。

**注意** 集成电路制造商通常会指定一个元件所需的去耦电容器的尺寸、类型和数量。

电路板上的布线会携带和储存一些能量。通常情况下，电路的初始能量来自布线的几何形状，而不是去耦电容器，因为这些能量源是位于需求点附近的。能量源不会显示在任何电路原理图上，但它们可能在电路工作时才能发挥作用。

## 3.17 印制电路板

为了降低电路板制造成本并提高电路性能，需要将绕线升级到印制电路板上布线。这种制造工艺既为模拟线路设计服务，也为逻辑线路设计服务。起初，电源和地面导体只能是引线。随着逻辑线路变得越来越复杂，对接地平面的需求变得更迫切。

电路板设计师不需要太长时间就能了解多层印制电路板技术。

多层印制电路板是通过将铜和玻璃环氧树脂层黏合而制成的。这些材料被称为叠板。在四层板上，板的核心或中间层是一层环氧树脂板，两面都是铜层，铜被用作导电平面或被蚀刻以形成布线。最后再经过钻孔和电镀。钻孔、蚀刻和电镀都是在板的外层铜层上进行的。然后用部分称为预浸料的固化环氧树脂层将它们粘合在铁芯上。最终，叠板在高温和压力下会被固化。然后可以根据需要对组件进行钻孔和电镀。根据制造电路板的数量、层数、组件密度和应用情况，会使用到许多不同的程序和技术。

为了保证印制电路板的结构完整性和热处理能力，0.062英寸的电路板的板厚度已成为业界的标准。在许多数字电路设计中，传输线很短，不需要终端。控制布线的特性阻抗是一种公认的做法。这种控制方法涉及布线宽度、厚度和间距等参数。有一种方法是将其中两层板专用于接地（逻辑0）。

如果一条线路穿过一个分裂开的接地平面，并且没有受控的返回逻辑路径，则会有反射和辐射产生。电源平面的功能和接地平面非常类似，只是它与直流电压有关。直流电可以看作一个值不变的波。值得注意的是，任何数量的波都可以同时使用一条传输线。

## 3.18 双面电路板

双面电路板是由蚀刻覆盖在玻璃环氧板的铜板制成，以形成走线和安装元器件的焊盘。孔洞用于安装组件到电路板上。对质量有要求的电路板上的孔洞需要有镀铜和覆盖焊料涂层。

---

**注意** 一个良好的设计应该给制造商提供容易处理的规范参数。

---

双面电路板包含器件在信号、地、电源和电源走线之间的互连。在这种方式中，由电路走线和公用返回路径所形成的环路面积较大。通常的情况是，大量的走线要求器件之间的距离很宽。电路板形成这些大的电路环路面积将会有辐射，而且易于

受到外场的干扰。电路中应该避免较大的环路面积。有一些技术允许双面电路板仅有一个接地平面。在这种情况下，辐射问题可以被控制(见7.5节)。

双面电路板的一个设计方法是在电路板的周围放置公共导体或地导体。电源导体放置在电路板背面的周围。这个方法可以用来减少走线数量但是不能限制信号的环路面积。另一个方法是在放置元件面的电路板上由总线建造一个接地网。这有一些帮助，但是这个技术通常不令人满意。

也可以为每一个逻辑信号线关联地环路走线或者电源走线。这为每一个信号提供了传输线(路径)，但会使走线的数量加倍，通常是不切实际的。在大多数的复杂电路中，接地平面是控制每一个信号传输线的最好方式。这个接地平面添加在两个层叠环氧板之间。这种构造允许有两个新的电路层：一个可以作为接地平面；另一个作为走线层或者电源平面层。对于四层电路板，新的问题就是不同层之间的器件和走线的互连。

## 3.19　过孔

“过孔”是印制电路板上的各层之间的导电通路。

走线可以在不同平面之间利用过孔传输信号(见图3.9)。重要的是，当采用过孔的时候，需要考虑所用的电磁场能量的路径。如果走线经过过孔到达接地平面或电源平面的反面，那么场必须反转到平面的另一侧，这个过程产生了微小的阻抗不

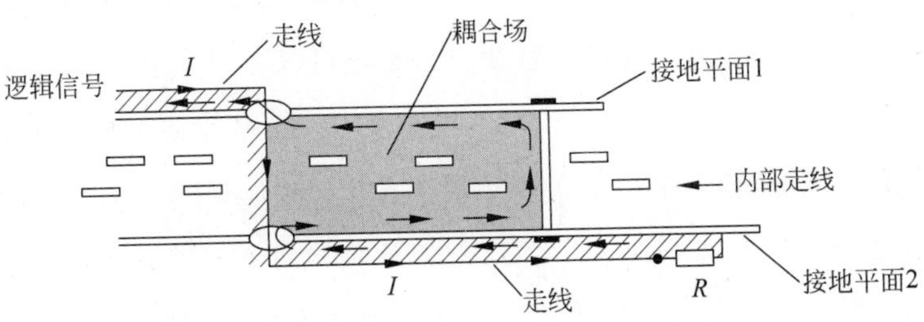


走线电流$I$通过过孔进入一个新层，返回电流必须使用一个复杂的路径通过接地平面的孔，这是因为高频电流不能通过导体平面流动。结果是场图很复杂和引起串扰耦合

图3.9　多层板上的不同层之间的走线过孔

匹配。如果走线经过过孔到一个平面，利用一个不同的接地平面或者电源平面作为返回路径，那么阻抗不匹配将成为一个问题。这个方式要从电流流动的返回路径来考虑。如果附近有过孔连接到接地平面，信号环路面积是可控的。如果附近有去耦电容器关联到接地平面或者电源平面，那么信号环路面积也是可控的。如果返回路径有一段距离，信号传播的关联场必须在平面之间的空间分散，会引起明显的不连续和增加串扰。

这些场不能穿透导体平面。能量从一层转移到另一层的唯一方式是通过一些开孔。场可以利用接地平面和电源平面作为一个参考导体。层之间的连接可以是耦合电容器或者是简单的过孔。

**注意** 当信号的时钟频率超过1GHz时，由过孔引起的反射会产生问题。

## 3.20 输电线路终端

当传输线上的正向波（前向波）到达逻辑门上的开路终端时，反射波可以使电压加倍。这种情况可能会损坏元件或引发逻辑错误。将线路的末端接在其特性阻抗上，由于没有反射，这个问题得以解决。然而这个解决方案并不可行，因为逻辑电平可能需要在很长一段时间内不断给终端提供能量。对于快速逻辑，端接传输线的最佳方案是在逻辑源处安装终端电阻，这个电阻被称为串联终端，而不是并联终端。一个50Ω的源电阻和一条50Ω的传输线可以把波的振幅减小到一半。在线路的开路端口，电压的加倍会使逻辑电平达到满值，但是在线路开路端口并无损耗产生。当反射电压到达源端时，源端电压等于逻辑电平，电流为零，所有波动作用停止，这将不会带来进一步的损耗。唯一需要注意的是，能量停止移动之前，经过的时间是波的一次往返所需要的时间。当下一个波返回，使逻辑电平到0V时，线路电容中存储的能量将在串联终端被消耗。如果不使用端接电阻器，存储在线路电容中的大部分能量将在驱动电路中被消耗。总之，这种场能必须被消散的事实是没有办法避免的。

**注意** 为了保证有效性，串联端接电阻器必须位于驱动器附近。

在许多逻辑设计中，线路长度足够短，因此不会有反射发生。在这种情况下，不需要设计终端电阻。图 3.10 展示了这一原理，即如果上升时间足够长，则反射不会发生。

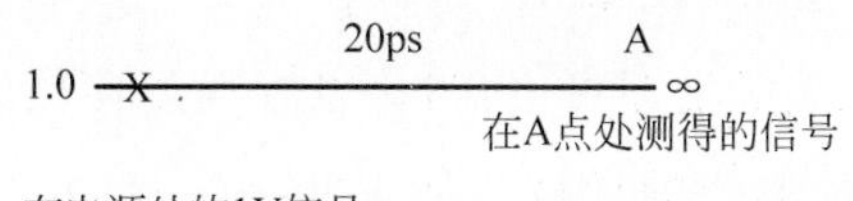


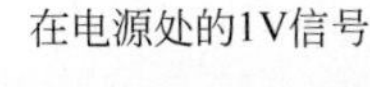


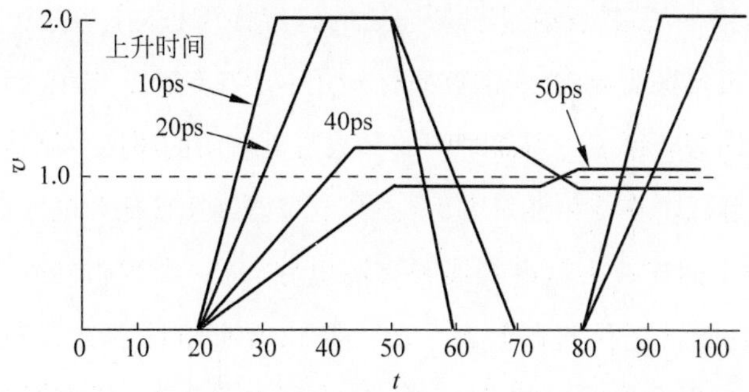


图 3.10 未接终端的传输线的上升时间和反射

电路板传输线上的波速通常是光速的一半。速度(单位：m/s)方程为

$$v=\frac{1}{\sqrt{LC}} \tag{3.4}$$

式中，$L$ 是分布式电感，单位为 H/m；$C$ 是分布式电容，单位为 F/m。由于电容与介电常数成反比，所以介质中波的速度与介电常数的平方根成反比。例如，环氧树脂的介电常数约为 4，对于 1GHz 的正弦波而言，这个值将会降到 3.5。通常，波沿电路走线的速度约为 6in/ns(英寸/纳秒)。在设计中，信号在逻辑上升时间内的移动距离可以是一个很好的参考，如果传输线短于此距离的 1/4，则通常不需要设置传输线终端。例如，以一个上升时间为 2ns 的 100MHz 时钟为例，如果布线的长度小于 3in，则传输线几乎不需要连接终端；当频率为 1GHz 时，此距离减小到 0.3in。对于一条上升时间为 20ps 的传输线而言，图 3.10 所示的倍频动作在开路处的波形可以按比例缩放，如果上升时间加倍，则接终端的传输线的长度也相应加倍。

## 3.21 接地和电源平面电容中的能量

接地平面和电源平面会提供一些去耦能量。当逻辑元件连接到接地和电源平面时，电容中的能量无法立即可用，与该电容典型连接的是一条短传输线。这些平面形成了一个锥形传输线的导体几何形状，其中特性阻抗与径向距离成比例地下降。对于向外传播的波，其反射过程是连续的。特性阻抗随距离线性下降，而低阻抗无法立即获得。事实证明，高介电常数的材料并不能起到什么作用，因为它减缓了波的传播。唯一能够缩短获得能量所需时间的参数是电介质的厚度。制造层间距非常小的电路板是不切实际的。在提供能量方面，去耦电容器远比接地和电源平面有效得多。

接地和电源平面连接去耦电容器和有源电路，每一个逻辑转换都会对能量产生很小的需求，这些能量是存储在电容中的。波在所有组件的连接、过孔、间隙、焊盘和电路板边缘处反射和传输。举例来说，在整个电路板上，任何时刻都有无数的波在运动，这相当于电路板上每一条逻辑线路的背景噪声。

电路布线可以设计在电源和接地平面之间的层上，由于与这些线路相关的场受到严格的限制，因此辐射的可能性微乎其微。对于中心线路，有两条场路径，可以使用单个（源）终端电阻。如果两个场模式必须合并回终端，那么混合的传输线类型可能会带来一些问题。

---

**注意** 除了与直流电压相关联外，电源平面的功能与接地平面一样。

---

## 3.22 坡印廷矢量

坡印廷矢量是电磁学理论中的一个重要概念。空间中某点的场功率密度等于电场和磁场矢量的叉乘。也就是说，某处的单位面积功率是电场与磁场的叉乘。坡印廷矢量值在空间的所有点上都有大小和方向。穿过一个表面的总功率为坡印廷矢量在该表面区域上的积分。图 3.11 展示了两个平行带电导体的坡印廷矢量 **P**。向量 **E**、**H** 和 **P** 总是相互垂直的。**E** 的单位是 V/m，**H** 的单位是 A/m，它们乘积的单位是 $W/m^2$。该矢量模型不仅适用于导体之间移动的场，也适用于空间中的辐射场。

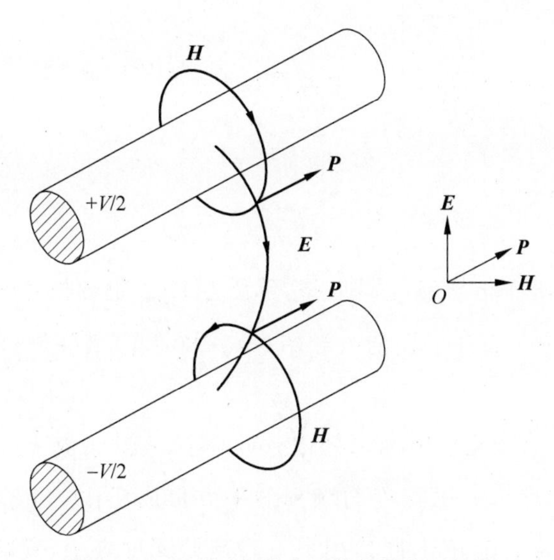


图 3.11　两个平行带电导体的坡印廷矢量

## 3.23　趋肤效应

在第 1 章中提到过，电力线终止于表面电子。在第 2 章中提到直流电流产生一个磁场，并且假设电流均匀地分布在整个导体中。对于交变电流而言，导体中的磁场以深度函数来限制电流的分布，电流集中在导体的“皮肤”部分，即“穿透力”不足，电流集中在导体外表的薄层，这样会造成导体的电阻增加，其损耗功率也会随之增加，这种现象被称为“趋肤效应”。在电力行业中，对于 60Hz 的交流电而言，其穿透力不足意味着大直径导体芯部的铜没有得到充分利用。因此对于使用电线塔的长距离输电线而言，在导线芯部使用钢，这具有经济效益，可以减少电线塔的数量。对于模拟电路来说，铜是一种很好的导体，缺乏穿透性，很少会引起问题，而对于大多数数字电路，电流都停留在导体表面，这样会增加线路电阻。幸运的是，在大多数电路板上，线路的长度都很短，增加的电阻不会造成严重的问题。

圆形或矩形导体的趋肤效应方程是较为复杂的，通常用平面电磁波从平面传导至表面反射时的场穿透值来近似。这种理想情况下的穿透深度也被用于近似其他几何体的深度。

对于无限大的导体平面而言，其衰减系数表示为

$$A = e^{-\alpha h} \tag{3.5}$$

其中，$h$ 是穿透深度，$\alpha$ 的值为

$$\alpha = (\pi \mu_0 \sigma f)^{1/2} \tag{3.6}$$

式中，$\mu_0$ 为磁导率，$\sigma$ 为电导率，$f$ 为频率，单位为 Hz。铜的相对磁导率为 1，真空的磁导率 $\mu_0$ 为 $4\pi \times 10^{-7}$ H/m；铜的电导率为 $0.580 \times 10^8$ A/(Vm)。在 1Hz 时，$\alpha =$ 15.13/mm。

当 $h = 1/\alpha$ 时，衰减系数为 1/e，若用分贝表示，衰减系数为 −8.68dB。这个深度就叫作“趋肤深度”。趋肤深度与频率的平方根成反比。工作频率为 100MHz 时，铜的趋肤深度为 1.51mm，此值用另一种趋肤深度表示，衰减为 17.36dB。工作频率为 60Hz 时，铜的趋肤深度为 0.855cm，这也是圆形导体或矩形导体的近似值。

趋肤效应限制了逻辑电流在导电平面上的穿透。1 盎司镀铜代表每平方英尺表面积有一盎司铜，2 盎司镀铜的厚度约为 0.3mm。这种厚度的铜在工作频率为 10MHz 时的电阻为 $390\mu\Omega/m^2$，工作频率为 10MHz 的趋肤深度仅为 0.02mm。当通过蚀刻形成布线时，层厚度可以控制布线的厚度，进而控制传输路径的特性阻抗。

## 3.24 测量问题：接地反弹

与电路板上的环路面积相比，示波器探头尖端和探头屏蔽形成的环路面积较大，这意味着观测到的信号可能包括来自附近电路的场的影响。将参考连接移动到靠近信号点处可以减小探针尖端的环路面积，环路面积的减小将在一定程度上降低耦合。

电路板附近的辐射场可以使用探针穗带作为导体，并允许能量离开电路。这里的探头起着天线的作用。在这个穗带上流动的电流可以将一些磁场耦合到探头中心，从而产生一个可观测的信号。为了测试这种耦合，可以将探头公共端和尖端绑在一起并从电路板上断开。为了消除这种耦合，可能需要更好的探头屏蔽。

另一个经常进行的测试是在电路板上的两个接地点之间连接示波器。如果能够检测到电压，通常是因为电路板没有充分接地。即使对于100MHz的铜接地平面而言，每平方米的电阻值也只有几毫欧姆。与接地平面相连的电压信号将带来1000A的电流值。这种现象的唯一解释是，在电路板附近的区域必须有一个不断变化的电磁场存在。创建一个具有相同区域的环路并用它来感知磁场可以验证这一点。环路的方向应与示波器探头的方向相同，并应该保持浮动。

与地之间存在电位差的这种效应被称为“接地反弹”。这种效应是一种负面的影响，因为它暗示了地线电流的存在。为了减少这种影响，必须缩小正在对场产生影响的环路。

测量一段线路的电压降通常会给工作带来很大的误导，因为测量的电压来自未被线路和接地平面适当限制的磁场。

电路板上沿路径传输的信号模式通常是不可观测的，通常不能用分明的图案表示出来。波通常以直线的方式表示，以代表波沿直线传播的特点。在工程实践中，通常会在电路布线表面覆盖一层电介质来防止水分渗入电路板。水具有高的介电常数，会改变线路的特性阻抗。

传输线路之间的串扰会带来误差，这一问题在作者的书 *Digital Circuit Boards：Mach 1GHz* 中有讨论，此书也由 John Wiley & Sons 公司于2012年出版。

## 3.25　平衡传输

在没有连续连接接地平面的情况下，逻辑信号通常必须在电路板之间传输。正如所看到的，接地导体并不能消除接地平面之间的电位差，在电缆中添加导体也不能消除电磁场。这样就造成了在连接电缆的每个逻辑转换中都增加了干扰电压。

为了解决这个问题，设计者通常会使用平衡信号和平衡逻辑接收器。第二条传输线携带反向逻辑信号，用来产生一个平衡信号，如果第一条传输线携带的信号是+3V，那么第二条传输线携带的信号是0V；如果第一条传输线携带的信号是0V，那么第二条传输线携带的信号是+3V。由于它们的和是常数，因此这对信号是平衡的。电路接地之间的电位差会向两条线路添加相同的误差信号。接收逻辑减去该误差信号就可以得到一个参考接收地的逻辑信号。在模拟电路术语中，接地电位差称为共模信号，而不是常模信号。在数字电路术语中，误差信号被称为奇模信号，而不是偶模信号。

接收板上对偶模信号的处理如图3.12所示。

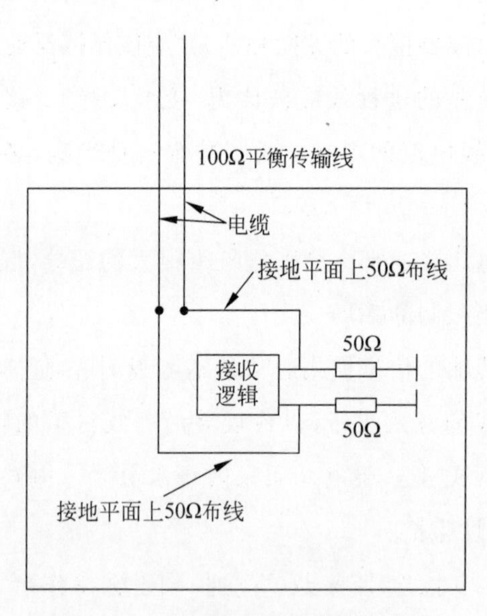


图3.12 电路板上平衡传输线终端

假设每个到达逻辑线路的特性阻抗相对于公共屏蔽层均为50Ω，当电缆端接在接收板上时，每条线都与电路板上布线的50Ω特征阻抗相匹配。电缆屏蔽层与接地平面相连。在电路板上的布线有一定长度的情况下，则不应使用终端电阻。在到达接收元件之前，两条信号线始终在电路板上保持分离状态。为了避免信号到达时间的差异，两条线路路径的长度应当相等。每个逻辑线路应在接收逻辑端接50Ω负载。需要注意的是，由于信号路径长度包括外部电缆长度，因此需要有终端电阻。一条长的传输线需要终端电阻以避免电压加倍。此外还需注意，如果某条平衡信号线与误差信号发生耦合，则接收电路无法消除由此产生的误差。两条信号线的路径应保持分开，以便两个传输场不共享同一物理空间。

## 3.26　带状电缆和连接器

带状电缆是间隔均匀的绝缘且平行的一组导体。带状电缆可焊接到位或端接在连接器中。一旦导体离开电路板，它们就不再紧密间隔或接近接地平面。导体长度和间距的增大增加了环路面积，这会使得辐射、反射和磁化的概率有所增加。

一种较好的处理方法是在带状电缆承载逻辑中设置多个接地导体。如果每隔两个导体都是接地导体，那么每个逻辑导体都有一个返回环路。除非接地导线单独穿过配对连接器并在电缆两端的接地平面上终止，否则该方案不会生效。

可在带状电缆（微带线或带状线）的一侧或两侧使用铜垫片。如果该垫片在电缆端部被正确端接，则该垫片可用作接地平面。这种铜不应被视为对接地地面的屏蔽，而应被视为对接地地面的延伸。在带状电缆的任一端与这片铜片的单个连接将使平面电平的值为负值。由于此导体不是屏蔽而是一个接地平面，因此需要多重连接。

带状电缆的导线路径经常穿过开放区域，这增加了共模耦合的机会。为了限制这种耦合，电缆应沿导体表面布线。多余的带状电缆不应盘绕，因为这也会增大共模耦合的概率。

## 3.27　模拟接口与数字接口

工程中，模拟接口和数字接口是必要的。在数字电路中，模拟耦合中使用的差分方法几乎不可用。常见的几种解决方式包括给电路分别单独接地，甚至是使用单独的电路板。有时模拟接地必须与数字接地相接，这个问题通常与模数（A/D）转换器有关。如果能达到14b(位)的精度，则10V满刻度信号的误差仅为0.5mV。如果涉及两个接地，感应到的噪声电压很容易超过这个误差值的10倍。如果两个接地线通过一个导体连接在一起，形成足够大的环路面积，那么还将会带来接地电位差的问题。

模拟和数字接口的最佳解决方案是使用一个公共的不间断的接地平面。重要的是确保与模拟和数字功能相关的场不能共用相同的物理空间，这需要遵循以下规则：

(1) 模拟电路元件不得与数字电路元件混用；

(2) 确保模拟电路不与数字电路共用相同的物理空间；

(3) 连接器中的引脚应分离，以便模拟电路和数字电路使用不同的空间；

(4) A/D转换器内部应具有正向参考放大器；

(5) 用A/D转换器限制场耦合；

(6) 模拟电路和数字电路应该从不同的去耦电容器中获取能量。

# 第4章 模拟电路

**本章导读**

本章讨论模拟电路及仪器仪表等基本问题。模拟信号通常是在测试正在运行的设备时产生的。测试可以随着时间的推移,在恶劣的环境中(例如爆炸中、飞行中或在碰撞中)进行。信号通常包括直流分量,可以由浮动、接地、平衡或不平衡的传感器产生。这些传感器可能需要外部平衡、校准或激励。精度是一个重要的考虑因素。在必须对数据进行采样的情况下,信号可能需要进行过滤以避免混叠。此外,本章还对一般的双接地系统进行了讨论,描述了如何使用保护屏蔽、变压器屏蔽和电缆屏蔽保护信号。在电路设计中考虑了反馈和稳定性测试的应用,讨论了应变计配置、热电偶接地和电荷放大器。

## 4.1 引言

模拟电路是指不包含任何数字电路单元的电路。射频电路可以看作是模拟电路。本章介绍工作频率低于100kHz的模拟电路,包括仪器放大器电路、信号调理电路、音频电路、医用放大器和供电电源。

集成电路的易用性简化了模拟电路的设计。模拟电路设计需要处理系统互联、长信号环路的干扰耦合场、抑制地电势差和电路稳定性等问题。处理模拟信号的一般问题称为信号调理,其中包括滤波、偏置、桥平衡、控制增益、共模抑制、传感器激励和校准。这种调理的电路常常集成以满足所需的信号放大。如果信号有足够高的分辨率，更多的调理可以用软件处理，以减少对电路的依赖。本章讨论信号处理的问题，确保不会引入干扰误差。

## 4.2 仪器仪表

模拟电路应用在温度、应变、应力、位置和振动测量等重要方面。例如飞机着陆齿轮、导弹外壳、直升机旋翼和涡轮发动机等设备都是经过广泛测试的。与测量相关联的传感器被安装在这些测试设备或车辆上。有些传感器需要外部激励，而有些是自激励；有些类型传感器与设备通过导线进行联系，而有些通过电磁感应进行联系。

传感器产生的信号必须经过调理，然后记录下来供以后分析使用。放大器可以放置于待测试的设备上的不同位置。

模拟信号畸变有多种方式。例如，如果信号已经在电路中过载，对信号进行处理是没有意义的；如果屏蔽不能被正确端接，软件也不能消除干扰；如果共模信号不能适当被抑制，会出现明显的信号误差。

---

**注意** 如果测量结果是未知的，很难去证实测量是否有效。例如，信号在输入级过载，后面滤波出来的也只是噪声。

---

在讨论模拟电路时需要了解一些术语。这里给出了关键术语的定义，将会帮助读者理解后面讨论的内容。

(1) 平衡信号：两个信号与各自的参考导体进行测量，其和总是零。例如，中间抽头变压器产生一个平衡信号，中间抽头称为参考导体，变压器两端的电压$+V_{sig}$和$-V_{sig}$是平衡信号。惠斯通电桥主动臂上产生的信号也是平衡信号。

(2) 共模电压：一组信号导体与各自的参考导体进行测量的平均干扰电压，经常是地电势差。在电话技术中，共模信号称为横模信号。

(3) 差分信号：关注的电压差。

(4) 仪器放大器：一个通用目的的差分放大器的带宽范围可以从0～100kHz，

增益从 1～5000；这个设备能够提供变换激励和信号调理。

(5) 正模信号：在电话技术中，正模信号也称为横模信号。

(6) 参考导体：用作零电压的导体。在供电电源中电压是 0V、+15V、−15V 和 −5V，导体上标为 0V 的就是参考导体。如果一个信号相对于地进行测量，那么地就变成了参考导体。在模拟电路中可能有几个参考导体。因为在区域中存在电磁场，这些参考导体在电势上不同。

(7) 信号公用端：信号的参考导体。

(8) 信号地：信号的参考导体。

(9) 非平衡信号：相对于参考导体测得的单个信号电压，是单端信号。

本章的重点在于处理模拟信号。模拟信号和数字信号的接口将在第 7 章讨论。

## 4.3　放大器与变压器的发展

第一个信号放大器的设计采用了真空管。直流工作电压常常超过 200V，每一个真空管需要有一个灯丝电流。因为真空管没有可用的互补器件(例如 NPN 和 PNP 晶体管)，早期的放大器是交流放大器。低频信号经常是机械或电气调制的，放大器作为一个载体。应变计直接与载波信号进行激励。载波信号放大后利用变压器在输入和输出之间提供隔离。放大后的信号被调制和滤波。最终的信号放大带宽有限。利用载波技术得到的带宽很少超过 1kHz。这种方法很难控制串扰。

在电话技术中，不需要直流放大，变压器用来提供隔离，转换单端音频信号到平衡信号，反之亦然。平衡信号可以传输很长的距离，共模干扰的影响被抵消。在音频工作中，变压器提供输入到输出的隔离，消除了电路共模连接(地环路)。在设备中需要直流增益时采用载波技术，变压器再次提供了隔离。通常这些变压器周围不能提供反馈。很明显，电路依赖真空管时，变压器有很多有待改进的地方。当半导体出现以后，利用匹配良好的晶体管放大信号的直流分量变为可能。技术的发展使得信号隔离可以不再使用变压器。今天，人们已经可以处理从微伏到 100V 的信号，带宽从 0 到几兆赫兹。毫伏信号可以在 300V 共模电压时放大。在出现干扰的信号中提供信号完整性而不使用信号变压器是本章的主题。

## 4.4 基本屏蔽壳

图 4.1 所示电路的电压标示如下：输入端是 $V_1$；输出端是 $V_2$；信号公用端或者参考导体设备地的标示为 $V_4$；电路外壳标示为 $V_3$，是浮动的。这种标示在参考导体电压为零时很方便。每一导体对具有的互容标记为 $C_{12}$、$C_{13}$、$C_{24}$ 等。当这些电容在图 4.1(b)中画出时，可立即看出这个电路是放大器，会有一个从输出到输入的反馈，如图 4.1(c)所示。

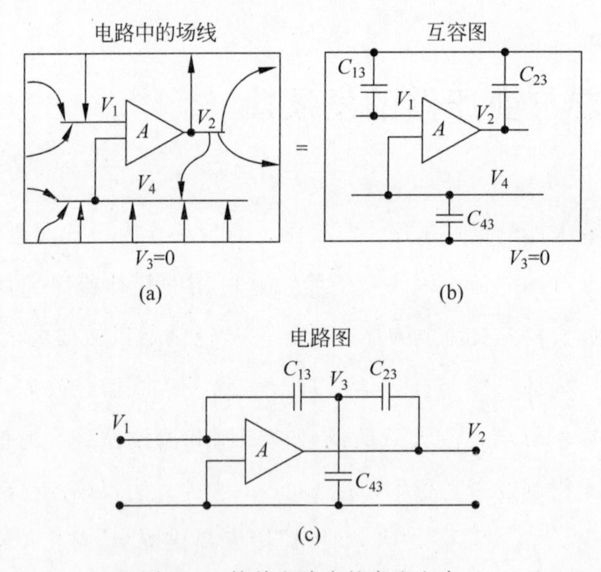


图 4.1　简单电路中的寄生电容

模拟电路设计的一般做法是连接外壳到电路公用端，这个外壳连接如图 4.2 所示。当这个连接存在，反馈被取消，外壳不再耦合信号到反馈电路。这个导电外壳称为屏蔽壳。连接信号公用端到导电外壳称为屏蔽接地。

大部分电路必须提供与外部的连接。为了观察单端外部连接的影响，开路导电外壳连接到输入电路公用端到外部地。这个地可以是任何设备、地或公用端硬件。图 4.3(a)给出了这个地被扩展外壳包围。输入导体对外部的扩展称为电缆屏蔽。

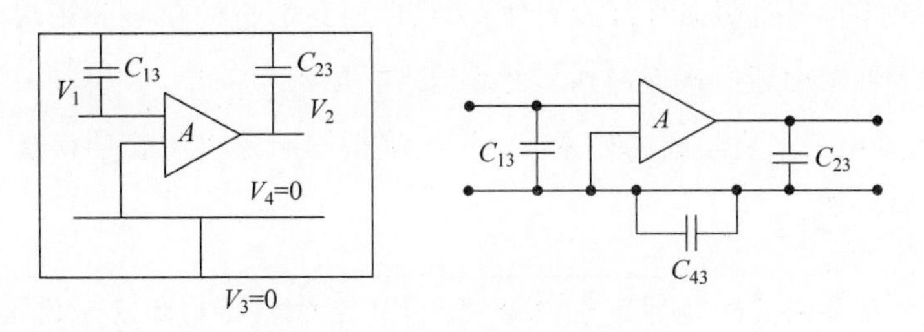


图 4.2 屏蔽接地以限制反馈

图 4.3(a)中,在电缆屏蔽和外壳连接点的位置会引起耦合。区域中的电磁场在环路①→②→③→④→①中产生感应电压,引起的电流在导体中①和②间流动。如果导体是信号公用端,这个引线可能有一个 1Ω 的电阻。在这种情况下,每毫安的耦合电流将会引起毫伏的干扰信号,该干扰信号将会进入任何需要的信号中。学习本章的目的是找到一个方法使得干扰电流不进入任何输入信号导体中。为了消除这个耦合,连接到电路公用端的屏蔽连接点必须是电路公用端与外部地的连接点。图 4.3(b)给出了这种连接。这种连接使得干扰电流的环路在屏蔽外部。

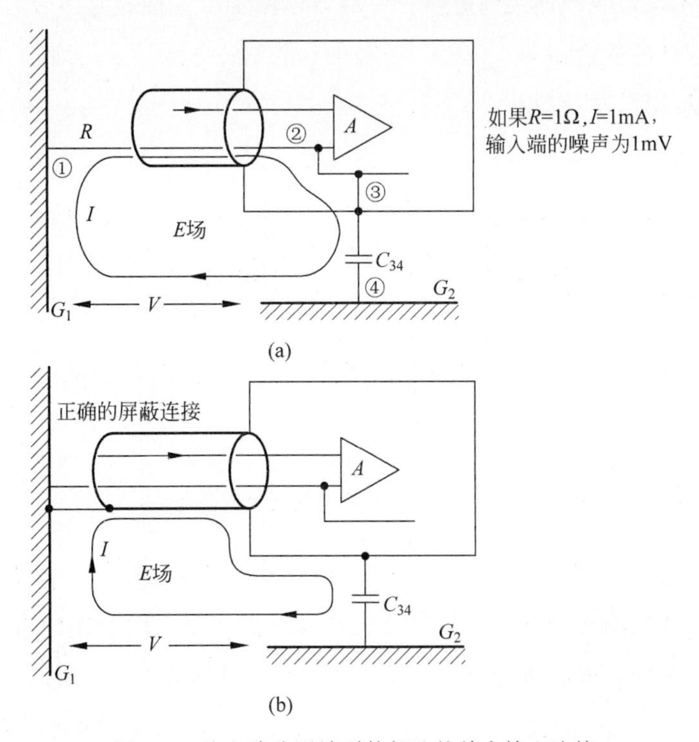


图 4.3 从电路公用端到外部地的单个输入连接

只有一个零信号电势向外部连到外壳的点，而且那里的信号公用端连接到外部地。任何输入屏蔽都不应该连接到其他接地点。原因很简单，如果有一个外部电磁场，将会有流动电流在所暴露的导体上。不正确的屏蔽连接将会使得这个干扰沿着导体进入外壳内部。

---

**注意** 输入电路屏蔽应该连接到电路公用端，这里信号公用端应该连接到信号源。其他任何屏蔽连接都将引入干扰。

---

## 4.5 外壳和公用电源

当一个公用电源进入电路外壳时，会产生一系列新的问题——电源变压器的耦合电源与外部环境的场也进入外壳。这个较大的耦合来自于初级线圈和次级线圈的电容。注意，次级线圈连接到电路公用端导体。使得不接地导体带有 120V 的电压。这个反应性的耦合如图 4.4 所示。现在不需要的电流在公用地、初级电压和输入信号公用端的环路中流动。

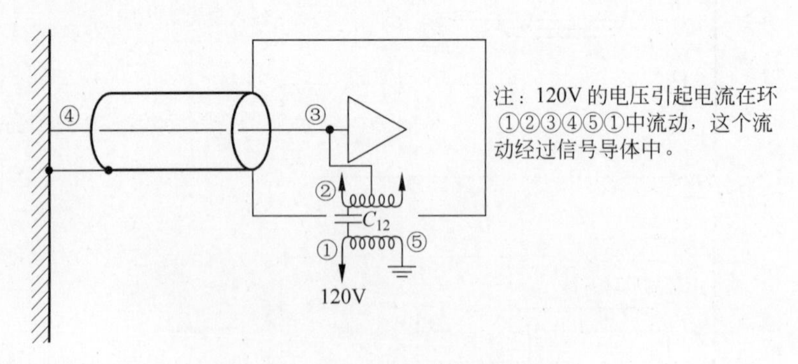


图 4.4 一个变压器连接到电路外壳

建造变压器时，通常首先在铁芯（磁芯）架上缠绕初级线圈，然后是绝缘层，次级线圈缠绕在初级线圈外面。这种做法是先放置一层初级线圈紧接着再放置一层次级线圈。通常是内层电容值大约为几百皮法。在工作频率为 60Hz 时，电抗大约为 10MΩ。如果“热”引线贴近次级线圈，产生的电流在工作频率为 60Hz 时为 12μA。在许多应用中，这个等级的流动电流不是一个问题。当然如果地导体缠绕贴近次级线圈，在工作频率为60Hz时的流动电流将更小。

问题通常是在工作频率为60Hz时噪声流动电流有更高的频率。这个噪声有3个基本源：区域中的电磁场、附近硬件在电源线路上引起的脉冲或信号、中性线电压降。如果输入公用导体很长，在引线阻抗上流动电流会引起一个明显的电压降。这个电压降是正模信号，它将添加到所需的信号中。在一些情况下，电源线路的峰值电压在信号导体上可以大到足以损坏硬件。常常通过在输入端放置电源线路滤波器或二极管钳位来限制这类干扰。输出电路的损坏也可以像输入电路一样。

在输入公用导体上流动的电流能够产生信号干扰，影响模拟和数字电路的性能。电流的瞬时变化能够使模拟电子过载，导致偏移。这种偏移通常是在过载发生后的恢复过程中发生。如果信号是个稳态载体，那么可能有信号反射导致直流偏移。为了限制这个耦合，小型射频滤波器放置在模拟放大器的输入端。一个典型的低通滤波器通常是一个100Ω电阻串联一个500pF的分流电容并放置在电路的每一个输入端。在数字电路中一个电压脉冲可能引起逻辑错误或在某些情况下损坏电路。

为此，我们设计两个电路进入电路外壳。输入公用端导体和电源变压器都与外部地关联。在这种情况下，只有输出公用端导体和电源变压器进入外壳。电源变压器现在从输出公用导体环流到地。这个电流不会引起问题，因为：

(1) 输出信号等级一般大于几伏；

(2) 输出公用端导体的电压降没有放大；

(3) 信号输出阻抗很低；

(4) 输出电缆运行长度常常相对较短。

输出信号公用端导体可以在屏蔽电缆内部或者能够屏蔽自身。在后一种情况下，屏蔽应该像一个信号导体来对待而不是外壳的扩展。如果双导体屏蔽电缆被使用，屏蔽能够端接（接地）在一个或两个末端。较好的连接是在信号公用端导体。常用的做法是把输出信号通过开放导线（带状电缆）传输到足够长距离，这要在附近没有敏感电路的情况下进行。

## 4.6 两地问题

图4.4中的电路有一个接地输入导体和一个电源变压器连接。如果输入和输出电路公用端导体引出到外壳并接地，结果就是大家熟悉的地环路。外部环境的场将会耦合到这个环，这个环是由两个接地点之间的公共导体形成。这个环路的流动电流能够在传感器源阻抗中流动。在许多应用中，由这个地环路所形成的干扰能够大于需要的信号。

当信号电缆在连接到设备地的硬件之间时会导致地环路。例如，在平台测试中，被测试对象和示波器形成了地环路。用“假插座”的方法来隔离这个示波器是一个比较好的办法，这样可以避免形成环路。“假插座”的简单做法是将设备制造商提供的设备地连接断开。这个第三根安全连接线是美国国家电气规范(NEC)所要求的。如果隔离示波器连接到“火线”或非地电源线，很明显会导致触电。一个好的方法是在设备上放置一个“使用中未接地”警告标示。

许多系统是由互连的单个硬件组成。这些系统可能具有模拟或数字信号的特性。如果硬件安装在机架上，那么设备地与硬件连接在一起。对于数字电路，本章讨论的大部分问题将不是难题，因为数字电路中的电平可达几伏。

## 4.7 设备和两地问题

基本的模拟电路问题是如何调理一个信号(这个信号关联到一个地电势)，如何传输这个信号而不增加干扰到第二个参考地电势。考虑图4.5的结构。输入和输出电路被分开，因此输入公用地在信号源，而输出公用地在输出信号端。这个非平衡信号源反映了仪器中的大部分困难问题。在两个外壳之间的地电势差导致电流在非平衡源电阻 $R_1$ 和外壳2中的阻抗 $Z_1$ 上流动。电流被 $Z_1$ 限制。

平衡信号源常用在应变计(在4.8节讨论)上。低阻抗电源如热电偶将在4.10

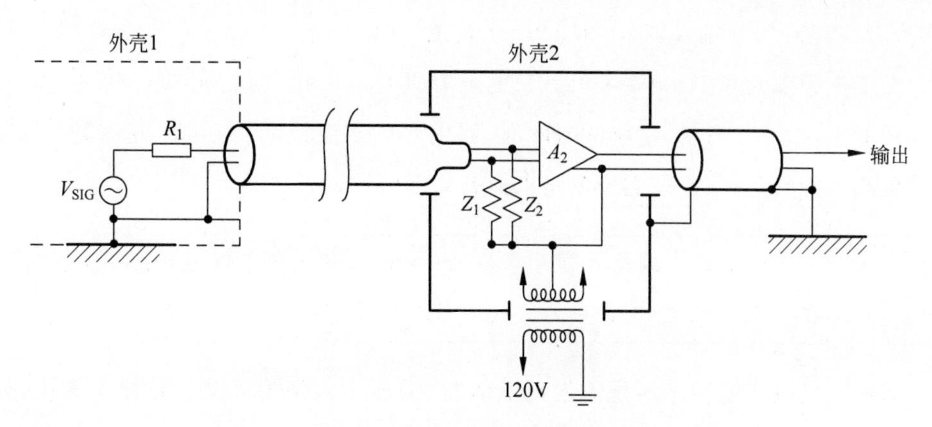


图 4.5 两个电路外壳用来传输不同地之间的信号

节讨论。

输入信号导体应该被正确保护并连接到输入基座或者输入放大器的门。以这个方式安排的保护屏蔽不是一个电路导体，而是一个静电屏蔽。在电路板上，增加走线可以用来保护信号以替代屏蔽电缆。

这个方法中，外壳 2 有一个高输入阻抗的差分放大器提供所有需要增益。在输入引线和放大器输入之间有一电路。这个电路确实是输入外壳的一部分，因此必须保护好。它包括钳位二极管，为门或基极电流的高阻抗导电路径，以及输入滤波器。这个输入电路的详细情况这里没有列出。

考虑图 4.5 中的仪器，这里增益是 1000，输入非平衡电阻 $R_1$ 为 1000Ω。如果输出误差限制在 10mV 和输入误差限制在 10μV，非平衡电阻上的电流限制为 10nA。如果共模电压为 10V，阻抗限制共模电流流动的值必须为 1000MΩ。通用放大器设计的两个输入端的输入阻抗具有 1000MΩ。采用这种方式，非平衡电阻可以放在任一输入端。

**注意** 工作频率为 60Hz 时，2pF 电容的电抗为 1000MΩ。

抑制共模信号的能力称为共模抑制比（CMRR）。如果共模信号是 10V，输出信号是 10mV。共模抑制比为 1000∶1 或 60dB。如果放大器增益为 100，输入端的误差信号为 0.1mV。10V 输出与 0.1mV 的比是 100 000∶1 或 100dB。这个数字是 CMRR 参考到输入端（rti）。上例中，在工作频率为 60Hz，1000Ω 输入线路非平衡测量时，CMRR 参考到输入是 1 000 000∶1 或 120dB。

在工作频率为 60Hz 时，一个 2pF 的电容具有的电抗大约为 1000MΩ。为了保持同样的电抗，在工作频率为 600Hz 时，漏电容应该保持在 0.2pF。这些数字显示了在更高频率时，利用这种类型电路来抑制共模信号是非常困难。

---

**注意** 保护屏蔽应该连接到输入信号导体的一个点，在这个点信号连接到外部参考点。在多通道系统中，最好的方式是每个信号有自己的保护屏蔽。

---

当输入区域附近导体不是输入地电势时，需要输入保护屏蔽。在图 4.5 中，$R_1$ 附近的保护应该是不需要的，因为所有的附近导体在输入参考电势。在外壳 2 内部，大部分导体参考输出公用导体。在这个区域，输入信号屏蔽必须包围输入信号。任何漏电容是阻抗 $Z_1$ 或 $Z_2$ 的一部分。

我们利用了一个差分放大器，放置在离传感器有一段距离的地方。当放大信号被提供给传感器时，可能通过以下几种方式：

(1) 利用一个调制器和解调器（用于模拟或数字信号的转换）提供射频连接。

(2) 提供光耦合，利用数字连接。

(3) 利用一个电流环来耦合到远端的差分放大器。

第(1)种和第(2)种方法增加隔离阻抗 $Z$ 到无限大。这些方法可以用来从飞机到地面之间或者在两个建筑物之间或者两个计算机之间传输信号。电流环被用在许多工业场合。图 4.5 给出的差分放大器方法经常用在通用目的测试舱中。

在每一个传感器附近放大信号可以解决共模干扰问题。如果满量程信号电平增加到 100mV 或更大，新的信号源阻抗低于几欧，新的共模干扰问题不难解决。

如果一个输入信号放置在保护屏蔽外壳中预放大，通过电缆传输到这个外壳中的第二个放大器，第二个放大器的需要 CMRR 会因为前级放大增益而减小。在这种情况下，两个放大器分界处的阻抗可以很低。如果预增益是 100，那么第二个放大器的 CMRR 可能只需要 $10^3$。在传感器不需要信号调理的时候，这个方法很实用。任何减小 CMRR 需求并不改变在共模路径中的高阻抗的需求。如前所述，这个阻抗需要限制共模电流流动。

## 4.8　应变计

如图 4.6 所示，应变计具有双外壳。信号源是个对称的惠斯顿桥。输入外壳中包含测量仪电阻，这恰如传感器激励源。在图 4.6 中四个桥臂都是活动的，这意味着它们都安装在被测试的设备上。在许多应用中，只有一个桥臂是活动的，而其他桥臂位于激励源的附近。所有桥臂必须位于输入保护外壳中。如果激励源是中心抽头，那么只需要两个桥臂电阻。

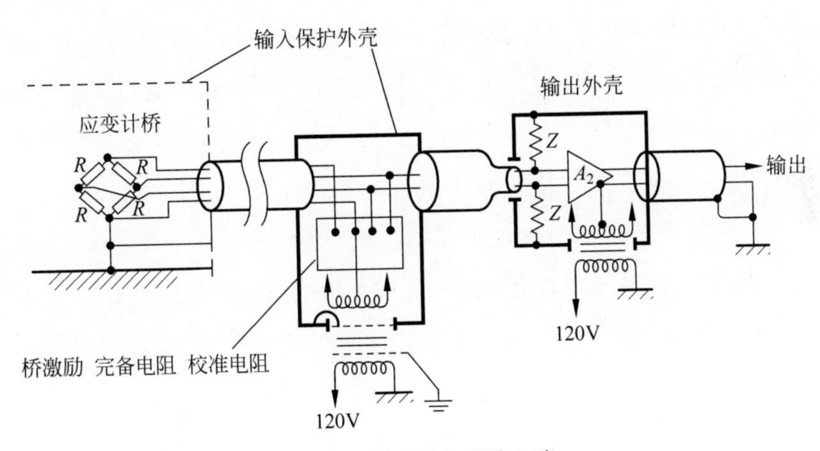


图 4.6　基本的应变计电路

从导电面到应变计的电容能够达到几百皮法。假设在测试表面和输出地之间有一个电势差是安全的，如果应变计没有接地到测试面，这个电势差将会引入信号到输入电路。如果只有一个活动桥臂，干扰将会更大。抵消这种干扰的保护就是桥接地在设备上和连接屏蔽到这个地。

一个应变计桥可能需要多达 10 个信号线。这些线路提供了激励、远端激励测量、校准、信号和地屏蔽。每一个信号需要一组导体。保护屏蔽应该传输所有干扰而不打断。连接所有的保护屏蔽在一个中间点可能影响保护屏蔽的效果。

当应变计桥的元件受到应力或应变时，非平衡电阻可以高达 50Ω。如果干扰误差限制为 10μV，干扰电流流动限制为 0.2μA，共模电压是 10V，允许共模电流流动

的阻抗 $Z$ 必须为 5MΩ，等于 3pF 电容在 10kHz 时的电抗。在满量程时这个模式的干扰耦合最大。实际上，应力和应变调制干扰。这个问题可以通过限制应变计桥臂上的共模电流来解决。

**注意** 一个阻性应变计产生毫伏的电压信号。

## 4.9 浮动应变计

从应变计到设备之间有电气连接时，如果设备不使用这个参考导体，那么可能有一个电流从设备的漏电容穿过，从而穿过应变计元件到输入电缆屏蔽。如果耦合是对称性的，这个流动电流产生的共模信号可以被放大器抑制。如果应变计的一个臂是活动的，那么这个反应性耦合被定义为非平衡性耦合，任何耦合干扰将是正模信号。这个信号被放大而不是被抑制。

图 4.6 中，输入保护屏蔽和信号的一边被连接到设备。如果没有连接到设备，保护屏蔽仍然应该连接到激励的一边。在一个低噪声的环境中，应变计基本上是个平衡系统，设备可能不需要连接屏蔽和如图 4.6 所示的信号。

大部分仪器提供了输入基或门电流的内部路径。这允许输入开路而不会导致仪器过载。这些路径的阻抗经常在 100MΩ 范围。即使提供了这些路径，最好避免在测试时使输入引线有一个到地的高阻抗。可以通过一个高阻抗的漏连接使输入饱和。当发生输入过载时，因为有反馈，问题不大。

不推荐在一个浮地设备中进行测试。如果可能，应该使用一个接地铁皮条，使得电势差被控制。

很难安装一个应变计来控制其耦合到设备中的电容。如果应变计安装距离比其他设备更为紧密，应变计电阻上流动的无功电流将是不对称性的。在一个噪声环境中，电流缺乏对称性将会引入正模信号。这个干扰只能通过限制系统带宽进行抑制。

在一些应用中，测试时很难使应变计接地和保护屏蔽连到设备。一个中心点可以作为应变计的地。当传感器周围空间中的干扰场不严重时，应变计是可以工作的。

**注意** 需要用高阻抗来抑制共模信号。这个阻抗不可能允许来自于一个高阻抗的信号源。

有两种类型的共模信号必须用输入放大器抑制。第一种信号是刚才讨论的地电势差；第二种信号是一半激励源。如果激励电平是10V，那么这个共模信号是5.0V。这个信号的CMRR也应该是120dB。例如，如果激励电平是10V，所引入的误差信号或偏移应该小于5μV。这个要求通常不会在设备规格列表中提到。由于激励电平是恒定的，这是一个静态的规范。

## 4.10 热电偶

热电偶是由两种不同导体组成的闭合环路，一端为工作端，另一端作为导体连接到参考温度环境。参考温度环境可以是冰水混合物或温控环境。如果不使用参考温度环境，那么需要在仪器中使用温度补偿电路。此补偿电路的校正基于所处环境的温度。在这两种情况下由温差所产生的电压可反映连接点温度。在参考点将不同的导体连接到铜导线，传输测量电压到仪器即可换算出温度。

热电偶连接点通常被连接到导体表面，以获得良好的测量温度。理论上这个连接点就是输入信号保护屏蔽应该连接的地方。在实际中，保护屏蔽通常连接到热电偶导体连接铜导线的地方。这是可行的，因为输入信号不平衡、电阻低，不用考虑带宽。

如果将热电偶用于测量流体的温度，那么连接点不接触到导体表面。输入信号保护屏蔽仍然应该连接到信号的一侧。一种解决方案是将保护屏蔽连接到热电偶引线连接铜导线的地方。输入导线不宜悬空，因为有过载的可能。如果产生漏电路径，一个好的方法是过滤所有的热电偶信号。如果可能，可以将一个阻容(*RC*)滤波器加入到仪器的输入端。因为可能产生混叠误差，在进行任何数字采样之前需要对信号进行滤波。

这种类型的滤波器衰减包括正模和差模两种噪声。*RC* 滤波器电路的阻抗可以是 1.0kΩ。如果电容是 0.1μF，截断频率将是 1.59kHz。电阻更大可以更有效，但是仪器的直流漂移会限制信号的精度。

## 4.11 基本低增益差分放大器

一个简单的低增益差分放大器如图 4.7 所示。当输入信号有一个低源阻抗且信号电平全量程约为 0.1V 时可以使用这种类型的放大器。从 $V_{IN1}$ 到输出的增益是 $+R_2/R_1$。从 $V_{IN2}$ 到输出的增益是 $-R_2/R_1$。如果两个输入端有一样的信号，输出的增益为零。如果差分信号 $V_{DIFF}$ 应用到两个输入端，输出信号的增益是 $V_{DIFF}R_2/R_1$。这个电路为差分信号提供增益，抑制平均或共模信号。如果一个输入电压是 0V（接地），另一个输出的增益是电阻的比值 $R_2/R_1$。增益的正负取决于使用哪一个输入端。

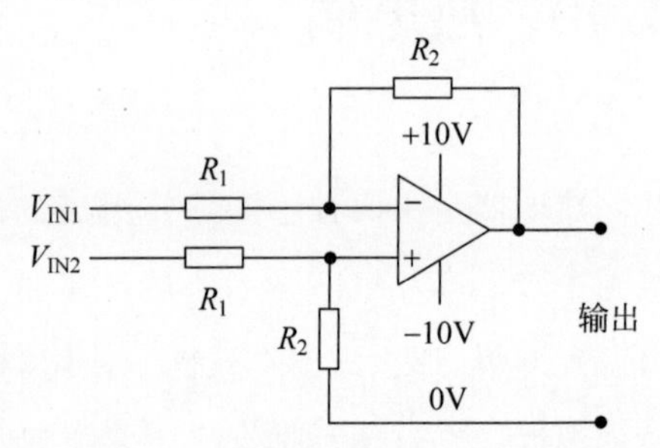

图 4.7 基本低增益差分放大器

差分放大器可以用来作为外壳 2 的输入电路，如图 4.8 所示。增加的差分放大器利用外壳 2 中的可用电源。如果外壳 2 的公用输出看作是个参考导体，那么外壳 1 的输入地电势变成了共模信号。理想上对信号的共模分量的增益应该是零。这个应用的差分放大器称为正向参考放大器。此放大器重新参考从外壳 1 中的信号到外壳 2 中的信号公用端。

图 4.7 中电路的共模抑制比主要取决于反馈电阻的比率。如果电阻是相等的，它们的比率匹配值为 1%时，共模抑制比约为 100∶1。这意味着 1V 共模信号在 60Hz 时将产生 10mV 误差。这个误差与 10V 输出相比为 0.1%。典型电阻值为 10kΩ。如果该集成电路放大器具有足够的带宽，此相同的电路可以用于隔离视频信号。在这类应用中，反馈电阻器应该大约为 1kΩ。在视频应用中，信号经常限制为 2V 的峰-峰值。

---

**注意** 当共模抑制比取决于反馈电阻器的比率精度，必须考虑源阻抗。

---

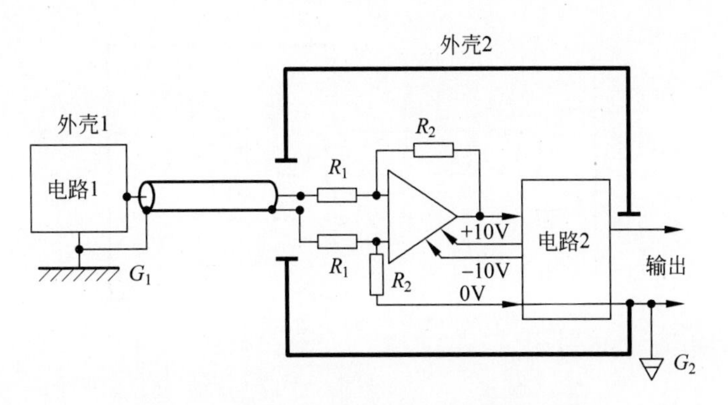


图 4.8 低增益差分放大器应用到两地问题

前面例子中的差分放大器增益是单位增益。如果增益由差分放大器或者随后的电路提供，能够提供更高 CMRR。例如，如果放大器的增益为 10，CMRR 应该是 1000∶1，用来限制信号在全量程内误差为 0.1%。

CMRR 取决于集成电路的反馈因子(环路增益)。详见 4.18 节的介绍。当频率超过几千赫兹时，CMRR 一般来说会随着增益的下降而下降。

图 4.7 中的电阻 $R_1$ 和 $R_2$ 限制流动在输入公共导体的共模电流。如果电阻值为 10kΩ，共模电压是 1V，电阻 $R_1$ 上电流为 0.2mA。如果输入公共引线电阻为 1Ω，干扰耦合为 0.2mV(这个耦合与正向参考放大器的 CMRR 没有关系)，反馈电阻为 100kΩ，流动电流将会减少 1/10。

共模抑制不能减少来自电源变压器的耦合。为了限制这个耦合，屏蔽应该加到电源变压器上。电源变压器屏蔽将在 4.12 节讨论。

## 4.12 电源变压器屏蔽

一个基本的变压器屏蔽是由线圈之间的单层箔组成。该箔必须在重叠处绝缘以避免匝间短路。有效的屏蔽应该是由一层薄的铜或铝制成的。引到屏蔽的连接可以用裸导线捆起来或者焊接到安装的铜环上。屏蔽导线通常引出用于外部连接。在 10W 变压器上的屏蔽限制初级线圈到次级线圈的互容大约为 5pF。这个屏蔽如图 4.9 所示。

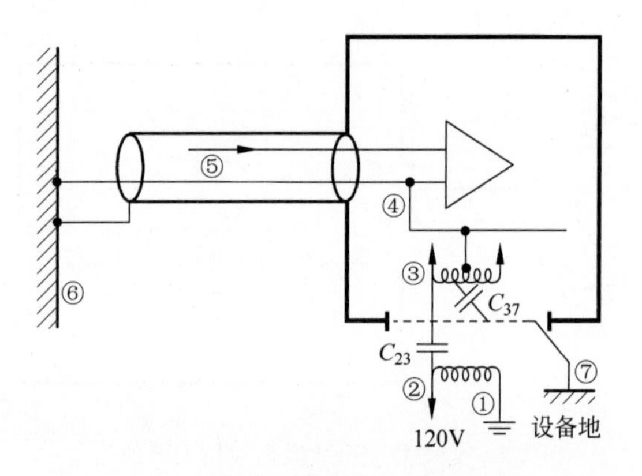


图 4.9 单层屏蔽应用到电源变压器

在初级线圈和次级线圈之间的单层屏蔽可以有助于限制在输入信号公用的无功电流流动。这个屏蔽应该连接到设备地。如果屏蔽连接到外壳或信号公用端，电源故障路径将穿过输入电缆，这是不可接受的。单层屏蔽不能限制在环路①②③④⑤⑥①和环路⑦③④⑤⑥⑦中的电流流动。将需要两个附加屏蔽来控制这个电流。当在设备地和地或者中性线电源导体之间有电势差时，单层屏蔽可以起到作用。这个电势差通常是由设备中性线导体流动的谐波电流产生。

在硬件内部使用的电源变压器需要有三个屏蔽以限制大部分不需要的电源电流流动。原边线圈周围的屏蔽将连接到设备地。中心屏蔽将连接到外壳，副边线圈周围的屏蔽将连接到电路公用端。图 4.6 给出了外壳中的两个屏蔽的例子。为了限制互容在 0.2pF 左右，屏蔽时需要把线圈放在盒子（一个盒子完全包围每个线圈）中。这些屏蔽变压器必须手工制作，因此成本很高。盒子屏蔽的变压器很少用在现在的电子设备中。

有些设计中，电路公用端通过一个串联电阻接地。一个常用设计是浮地电源。上面提到的三个屏蔽可用于控制在变压器互容中流动的无功电流。在变压器中有 3 个盒装屏蔽，漏电容可以保持为接近 0.2pF。在工作频率为 60Hz 时，它的电抗是 $13\times10^{9}\Omega$。在 120V/60Hz 时环形电流大约为 $9.2\times10^{-9}$A。在电阻 1000Ω 时电压降大约为 9.2μV。幸运的是，一些电路技术可以用在浮地电源中而不需要昂贵的多重屏蔽变压器。

## 4.13　校准和干扰

有许多方法可用来校准仪器。平台校准可以测试一些在线测试不能测量的参数。在线测试只是提前进行实验以验证基本操作，并提供需要的数据以校正一些错误。测量误差包括的因素有线性度、增益、偏移、放大器输入噪声、共模抑制比、温度系数、激励精度、电缆中的信号损失、上升时间和稳定时间。校准可以校正在增益和偏移方面的误差，但不能校正由共模信号引起的误差。因为有大量的不确定性误差，每一误差贡献与全量程信号相比都很小。通常规范要求误差等级为全量程时的 0.1%。

---

**注意**　即使再多校准也不能消除干扰引起的误差。

1μA 不需要的电流经过 1Ω 电阻产生 1μV 误差。

---

## 4.14　超过 100kHz 的保护屏蔽

保护屏蔽应该保护输入信号，直到输入基或门。仪器中出现的保护屏蔽可能以耦合高频场进入外壳。即使这些信号在带宽外，它们也可以在过载和信号整流中产生误差。一个好的方法是在信号频率超过 100kHz 时，通过一个串联 *RC* 电路连接屏蔽到外壳。理想情况下串联 *RC* 电路应该放置在仪器的外面，但是经常被放置在连接器或其附近。串联 *RC* 电路中典型值为 $R=100\Omega$ 和 $C=0.01\mu F$。该电路限制了进入外壳的场强度，如图 4.10 所示。

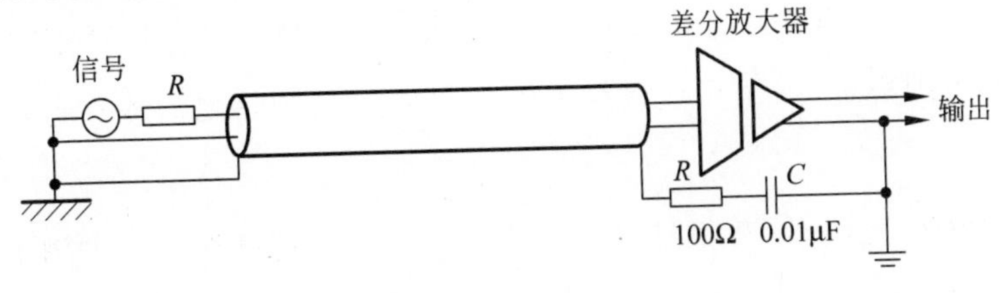


图 4.10　*RC* 电路（*RC* 绕过输入保护屏蔽）

## 4.15 模拟电路中的信号流动路径

组成模拟电路的基本器件包括集成电路、反馈电阻、电阻分压器、钳位二极管、电压控制的齐纳二极管、*RC* 滤波器和电源。这些器件一般通过双面印制板互相连接。直流电源可以从附近的整流系统输入。在一些电路板中，电源通过本地电源变压器供电。一般来说利用双面板没有专用的地平面。如果仔细进行布线，可以不需要地平面，外部信号和电源连接可以利用连接器或焊接引脚完成。对于数字电路，地平面应该是需要的，参见 7.13 节。

下面给出了一些有助于模拟电路板布线的规则：

(1) 维持信号从输入到输出的平稳流动。

(2) 与输入相关的器件不应该接近输出电路器件。

(3) 电源连接(直流电压)应该从输出进入，从后向前到输入，避免产生公共阻抗耦合(寄生反馈)。

(4) 最应该注意的是输入电路几何形状，元器件连接到输入路径的引线应该保持很短，即互连器件用最少量的裸铜连接到输入信号路径。

(5) 反馈求和点的要求苛刻，这些点要保持很短的引线长度。

## 4.16 并联有源器件

当晶体管或者场效应晶体管(FETs)并联以增加性能时，给系统非稳定性增加了可能性。如果发生振荡，频率可以高到无法测量。这个类型的振荡器能使元器件过热和/或限制它们的有效增益。这种类型振荡器产生的辐射能够干扰附近电路。如果电路是小范围稳定，振荡可能发生在一段长时间的预热之后或在连接某些负载值时。

当两个或更多个的有源器件连接到一块常常会出现问题。一个例子是并联的多个电力晶体管通过基极、发射极和集电极连接在一起。一个好的方法是晶体管的每个发射极串联一个电阻并在每个基极增加一个串联电阻。典型的发射极电阻是10Ω，典型的基极电阻是1000Ω。这些电阻经常被称为抑制电阻。典型电路如图4.11所示。

**注意** 如果两个或更多个器件并联到另一个器件，应该使用串联电阻。

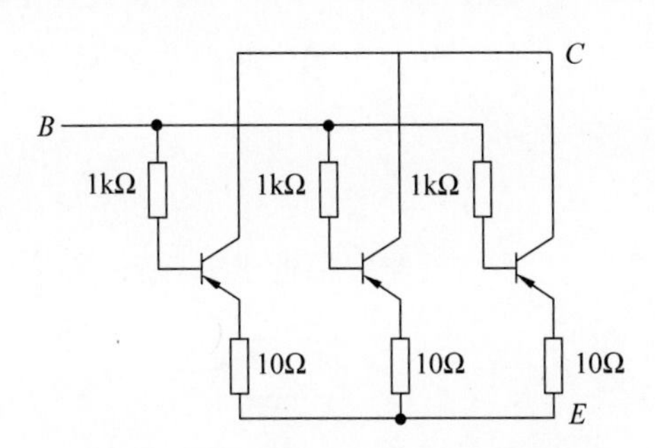


图4.11 在并联电路元件中增加抑制电阻

## 4.17 反馈稳定性

集成电路放大器经常具有一个非常高的前向增益，它在实际应用中经常需要负反馈。这种类型的放大器提供内部补偿，意味着内部调整开环频率响应。如果没有这个补偿，将会导致反馈振荡。即使有补偿，在应用中电路稳定性的范围也很小。为了便于理解这些问题，需要简单复习一下反馈理论。因为不能保证稳定，一个好的方法是测试所有反馈电路以确保它是无条件地保持稳定。

下面给出一些术语，帮助理解本节的内容。

闭环增益：应用反馈后的增益。

开环增益：应用反馈之前的增益。

负反馈：从输入信号中减去输出信号的一部分。

正反馈：在输入信号中加入输出信号的一部分。

# 4.18 反馈理论

基本的反馈电路如图 4.12 所示。输入信号 $V_1$ 是部分输出信号 $\beta V_{OUT}$ 和输入信号 $V_{IN}$ 之和。这个求和结果经常在差分输入级产生或者通过一个分阻器产生。反馈电路的增益是：

$$V_{OUT}/V_{IN} = -A/(1+A\beta) \tag{4.1}$$

如果 $A$ 是负的且数值很大，那么增益非常接近于 $-1/\beta$。

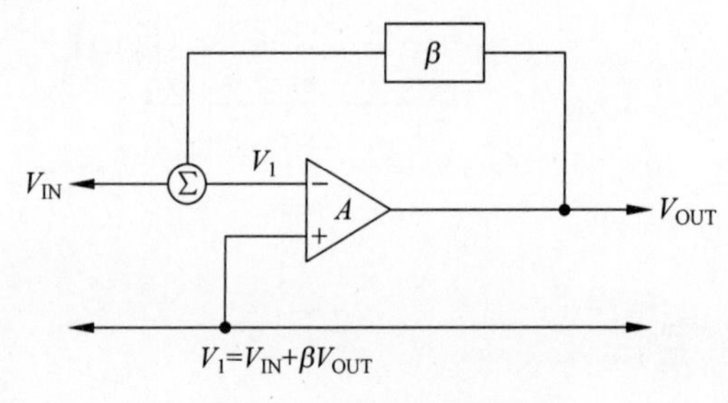


图 4.12　基本的反馈电路

在内部补偿放大器中，前向增益随着频率的下降正比例下降。闭环放大器的带宽接近于在闭环增益等于 $1/\beta$ 时的频率。例如，假设一个放大器的开环直流增益为 $-10^6$，闭环增益为 $-100$，带宽为 100kHz，则放大器的开环增益需要从 10Hz 附近开始下降。

任何电路的相移与其衰减斜率紧密相关。如果斜率正比于频率，相移是 90°。如果斜率正比于频率的平方，相移是 180°。图 4.12 中的补偿反馈放大器，开环放大器的相移接近 90°，在带宽为 10Hz 到 100kHz 的范围内，闭环放大器的相移是 90°除以反馈因子。例如，如果闭环增益是 100，在带宽为 1kHz 时的反馈因子是 $10^2$。这意味着在带宽为 1kHz 时的相移接近 0.9°。在带宽为 100kHz 时，反馈因子是 1，相移增加到大约 45°。当带宽超过 100kHz 时，衰减斜率正比于频率，相移将是 90°。

式(4.1)中增益 $A$ 在 $A\beta$ 达到 1 之前，相移必须不能大于 180°。如果这个条件不满足，电路将会振荡。这个条件就是著名的奈奎斯特判据。如果在 $A\beta$ 接近单位增益时，相移接近 180°，结果是放大器在它的幅值/频率响应时有很大的峰值。这个放大器的暂态反应将会有大的过冲和多个周期的减弱振荡。这说明电路是小范围稳定。这个振荡情况说明电路存在问题需要改正。

反馈系统对于任何内部干扰来说都具有有限的增益。如果一个频率为 60Hz 的信号注入内部点，此信号的降低增益是注入点之前闭环增益。如果闭环增益是 100，注入点之前的增益是 1000，一个 0.1V 的干扰信号将乘以 100 并除以 1000，结果输出电压为 0.01V。如果输出级具有 1%的线性误差，这个误差被反馈因子减小。如果反馈因子是 100，线性误差将只有 0.01%。

## 4.19 输出负载和电路稳定性

如果图 4.12 中的反馈放大器连接一个电容，将会在正向开环增益中添加相移。电容可能是一个具有几百皮法的信号电缆。当反馈应用到这个增益模块周围时，能导致一个非稳定性的状态。当闭环增益为单位增益时，问题非常严重。如果输出用于一般应用，一个好的方法是在输出端并联一个 $LR$ 电路。$L$ 可以是 $10\mu$H，$R$ 是 10Ω 或 20Ω。这个电路如图 4.13 所示。在信号频率超过 100kHz 时，输出阻抗是电阻串联的输出阻抗[①]。这个电阻常常足以避免任何非稳定的状态。如果一个 10Ω 或 20Ω 电阻串联这个输出，不会形成任何问题，那么电感是不需要的。

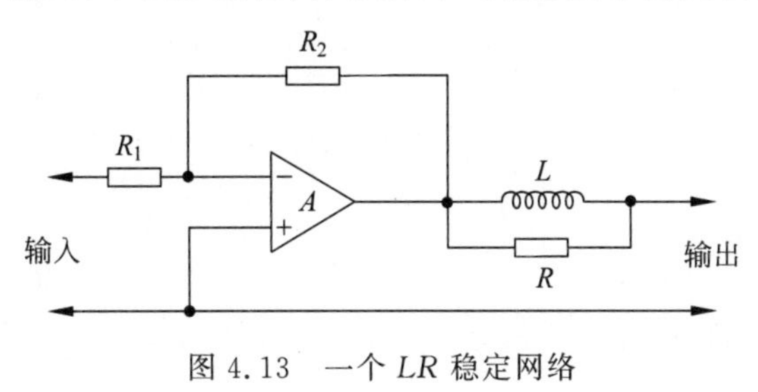


图 4.13 一个 $LR$ 稳定网络

① 一个放大器带有负反馈时的输出阻抗是减小反馈因子的输出级的阻抗。因为反馈因子随着频率线性下降，输出阻抗随着频率增加。一个增加的输出阻抗意味着输出阻抗像一个电感。任何电容与电感串联构成了一个谐振电路。如果反馈测量点的相移增大到 180°和增益大于单位增益，电路将振荡。

测试每一个输出电路的稳定性是个好的方法。一个方波信号应该用来驱动这个放大器，具体测试如下：一个方波信号通过一个 100Ω 的串联电阻驱动输出，如果电路输出端有振荡，电路应该被修改。注意，驱动信号不能使输出电路过载。因为这个原因，一个好的方法是利用小信号的方波信号观察电路的稳定性。有些时候大信号能减少环路增益，振荡（非稳定性）可能看不到。

---

**注意** 阻性负载应用到输出反馈放大器能够减小开环增益。这可以提供一个稳定的裕度。因为这个原因，稳定性测试应该为无输出负载。

---

## 4.20 功率输出级周围的反馈

如果一个集成电路放大器驱动一个功率输出级，合理的做法是包含这个功率输出级在反馈环中。这个功率输出级增加的相移（延时）能够引起系统的不稳定性。可以用一个简单的方法避免这个问题。在高频时提供一个集成电路直接输出的反馈路径，如图 4.14 所示。在高频时，反馈路径通过 $C_1$ 和 $R_1$ 返回到输入端。

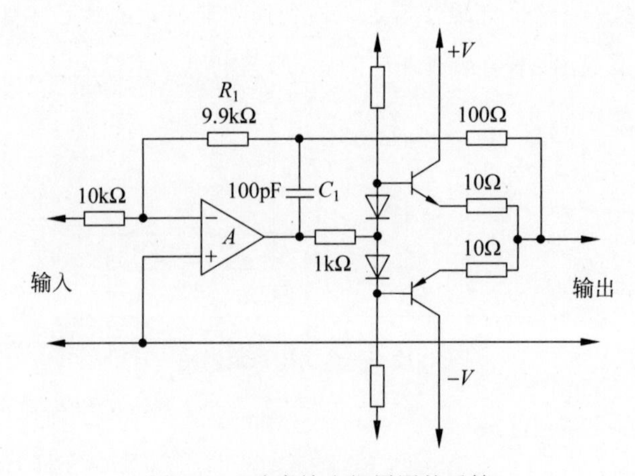


图 4.14 功率输出级周围的反馈

## 4.21　恒流环

恒流环可用的仪器为一个恒流源，它在一个长线路中传输信号数据。电流标准等级为4～20mA。4mA的电流值可以代表信号零。恒流源意味着流动电流与负载、环路电阻或与任何由电流环感应的外压无关。一个精密串联电阻可以在接收端用来转换电流为电压。这个电压可以通过放置在外壳2中的差分放大器放大。不管什么原因，如果环路开环，不存在反馈。在这种情况下，电路将过载。

---

**注意**　恒流环提供了高阻抗。

---

## 4.22　滤波器和混叠误差

采样信号必须滤波以避免混叠误差。如果采样频率是10kHz，信号频率不能超过5kHz。如果有高频信号含量，也会被重叠。例如，一个调制的8kHz的信号将会是2kHz的输出。注意，2kHz是8kHz和采样频率10kHz的差。

---

**注意**　在电影Westerns中，马车车轮可能显现为反转。这就是混叠误差的形式。为了消除这个效应，每秒的胶片数需要增加。

---

反混叠滤波器的斜率必须从500Hz时开始衰减信号，在5kHz时提供60dB的衰减。这个模拟滤波可以采用多种形式。在衰减之前，椭圆滤波器经常用来提供一个平坦的频率响应。这个类型的滤波器有一个明显的暂态过冲。贝塞尔型滤波器没有暂态过冲。因为滤波器的特性是已知的，任何频带内的衰减结果可以进行数字校正。滤波的类型应该匹配所期望的数据类型。噪声数据能够引起滤波器中的暂态过冲，这会导致信号过载。

## 4.23 隔离和DC-DC变换器

DC-DC（直流到直流）变换器中使用的变压器提供了一定程度的隔离，而这是60Hz变压器所没有的。但是，这些变换器也有问题。变换器比60Hz变压器更小更便宜，因为这个原因，它们在电子硬件设计中得到广泛应用。

在典型的DC-DC变换器电源中，公用电源经过整流，能量存储在电解电容器中。这个存储的能量以超过50kHz的频率进行调制，变压器耦合能量到需要的电路。这个调制器产生二次侧的方波电压。能量在每个调制周期提供给变压器，这意味着二次侧不需要大容量存储电容。这些变换器需要通过变压器处理调制频率基波和谐波的耦合。特别是前端耦合电压峰值穿过变压器。

屏蔽调制变压器是不切实际的。这个附加的电容将使得电路不可用。如果原边线圈峰值电压是170V，在原边线圈上的方波可以达到340V的峰-峰值。如果上升时间是1μs，在原边和副边线圈之间的流动电流取决于线圈之间的互容。如果电容是10pF，电流的峰值幅度为3.4mA。这个幅度的电流在模拟电路公用端流动一般是不可接受的。

有几种方法可以减小这个电流的峰值。如果变压器有一个中心抽头原边线圈（因此有一个正和负的电压），那么相等的且极性相反的电压通过等值电容耦合到副边线圈。通常双线绕制线圈可以提供这种平衡。在这种情况下，电流可以抵消。这个抵消不是完全的，但是电流可以减小的因子为10～100。有些时候可能需要一个微调电容器。如果产生相对于设备地的方波电压，任何电流脉冲的滤波必须参考这个地。

一个减小高频耦合到二级电路的方法是使用两个变压器级联。第二级变压器连接到第一级变压器的一个线圈。这个增加的变压器可以保持平衡（通过中心抽头）而运行在低电压。两个变压器之间的耦合可以参考连接到输出电路公用端。低电压限制了在输入公共端流动的高频电流。图4.15给出了这种结构。

电源线路电压可以整流，能量存储在电容中。这个能量可以被调制并作为供应电源。调制的能量可以来自于电源线，也可以来自储能的电容。为了限制这个需

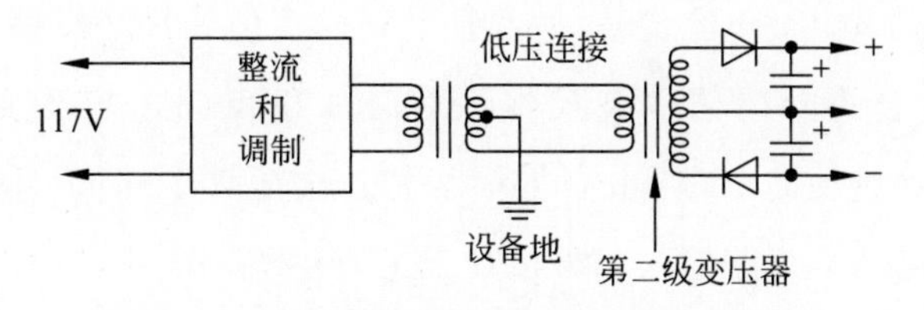


图 4.15　利用第二级变压器隔离开关噪声

求，需要一个线路滤波器。其中的滤波电容放置在电源和设备地之间。这意味着一些调制电流能够进入设备地网络。涉及这个流动电流的环路面积是不好定义的。结果是在整个设备中存在一个由调制引起的场所产生的干扰。因为这个原因，应该设计一个 DC-DC 变换器限制这个电流。由许多单个电子硬件组成的设备中，这个干扰电流等级可以引起干扰场。

在整流之前通常利用降压变压器减小交流电压。这种情况下 DC-DC 变换器工作在更低的电压范围，电压的峰值等级也减小。相应的代价是降压变压器的成本和尺寸增加。

如果细心处理，DC-DC 变换器是传感器激励产生隔离电源的一个好方法。一个公共变压器带有多个第二级变压器可以用来产生一组隔离激励源。

# 4.24　电荷变换器

在振动分析中，测量传感器通常是由石英晶振组成。这个晶振在电气上等同于一个电容。当这个传感器振动时，便在晶振面上产生一个电压，这称为压电效应。这个加速度可以通过测量在电容上产生的电压或者电荷得到。电荷和电压的关系为$V=Q/C$，这里 $C$ 是传感器电容。电荷和加速度之间的关系由制造商提供。

变换器上的电压可以利用高阻抗放大器放大。输入电缆电容，减弱输入信号，这就需要校准电缆长度的函数。压电传感器的信号放大优先采用测量电荷而不是测量电压的方法。输入电缆电容不衰减电荷，做校准更简单。电荷首先转换成电压，然后再进行电压放大。这个类型的仪器称为电荷变换器。

在运算放大器周围的基本反馈电路通常由两个电阻组成。电压增益就是两个电阻的比值。如果电阻被电容代替，增益是电抗的比值。这个反馈电路称为电荷变换器。输入电容上的电荷传输到反馈电容。如果反馈电容不到传感器电容的1/100，那么电压穿过反馈电容将比开路时传感器电压大100倍。图4.16给出了基本电荷变换器的结构。开路输入信号电压是$Q/C_{\mathrm{T}}$，输出电压是$Q/C_{\mathrm{FB}}$。电压增益为$C_{\mathrm{T}}/C_{\mathrm{FB}}$。注意，在求和点基本上没有电压。

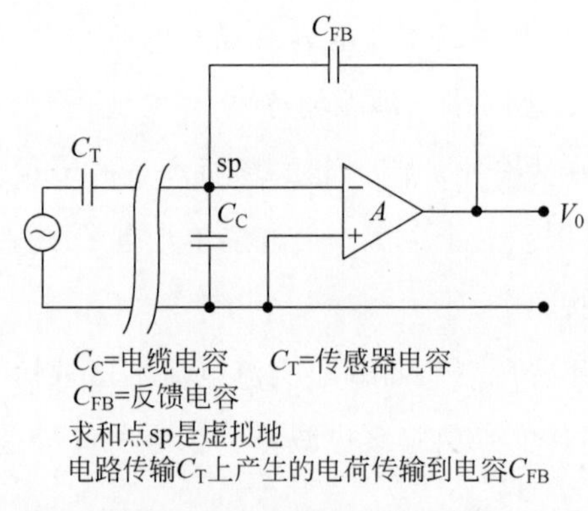


图4.16　基本电荷变换器

---

**注意**　电荷变换器并不放大电荷，而是将电压信号转换为电荷信号。

---

输入电缆电容连接在求和点与信号公共端之间。这增加了电荷变换器输入级所产生的噪声。电缆电容不对输入电荷和输出电荷进行转换。

如果传感器电容是0.01μF，反馈电容是100pF，输入电压的增益为100。为了影响到1Hz的低频信号，穿过反馈电容的电阻将会达到$10^{10}\Omega$。这可以利用一个100MΩ电阻和100∶1的反馈电压分压器实现。图4.17给出了这种分压器的结构。

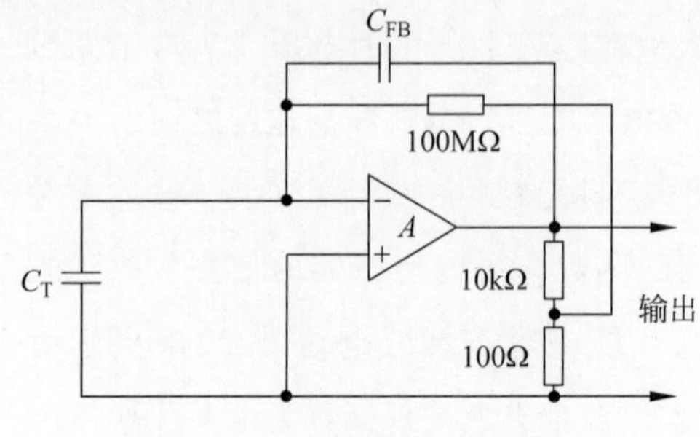


图4.17　反馈电压分压器结构

输入偏差电流的路径阻抗为100MΩ。这么高阻抗的要求使得输入级放大器必须是一个场效应管(FET)。

在100kHz带宽时电荷变换器的输入参考噪声等级一般低于$10^{-13}$C的有效值。考虑求和点和附近供电电源之间的耦合,如果耦合电容是3pF,供电电源有30mV,噪声耦合到输入等于$10^{-13}$C。为了限制这个耦合,给电荷变换器供电的电源需要进行良好的调节。

图4.16中给出了在电荷变换器电路中最小的实用反馈电容大约为100pF。1pF的电容代表了1%的增益误差。考虑到变换器的增益在100以下,从求和点到这个放大信号的电容之间可能出现电路故障。如果增益是100,电容必须保持在0.01pF以下。这么小的数值要求电荷变换器进行静电屏蔽。这个电路的保护一般是通过两个小的金属盒子盖住电路板正反两面上的器件和电路走线。从传感器到电荷变换器的连接必须利用特殊的低噪声电缆,也包括任何仪器内部的信号连接,见6.3节。

---

**注意** 如果电荷放大器是直插式模式,必须使用专用电缆输入连接器。必须沿着整个路径小心屏蔽输入信号。

传感器增加了测试项目的质量。小的传感器产生较少的电荷。

---

传感器的谐振频率必须高于任何测试频率。如果传感器要求绝缘底座,会增加质量,影响谐振频率。对于高频振动测试,需要避免这个绝缘底座。这意味着传感器公共端接地。这个接地要求一个差分放大器放置在信号路径的相应地方。这一级可以是前向参考放大器端接在电子设备上,或者可以由测量仪器提供。在这种情况下,仪器必须有两个电源:一个为输入电荷变换器;另一个为差分放大器和其他辅助电路。这个仪器可以称为差分电荷放大器。注意这个输入信号在特性上不是平衡或差分的。

## 4.25 直流电源

直流电源的设计将在后面介绍。最简单的直流电源是从电源线上获取的整流电压。变压器通常用于限制电压并将有效导体与电源隔离开。整流的能量会存储在电容中。如果变压器是中心抽头的，那么就可以建立正负电源。

稳压电源使用标准集成电路，一系列的电压和电流是可用的。这些电源实际上是采自齐纳二极管的固定输入信号的直流放大器。内置在放大器中的反馈会产生具有低输出阻抗的电压源。通常将电容置于输出端，以便对负载特性不敏感。集成电路提供内部保护以防止过载和高温。

## 4.26 保护环

在一些应用中，电路板的电阻率可能引起问题。第一个解决方法是将地环路放置在关键电路周围以吸收不需要的电路板电流。第二个解决方法是需要一系列的接地过孔形成圆环。如果这样的保护仍不满足要求，电路可能需要更好的绝缘。

## 4.27 热电偶效应

在直流放大器中，要特别注意输入导体的每一个连接点或者连接可能是个热电偶。当计入微伏电压时，应遵循下面的规则：

（1）保证两个输入的电路对称。

（2）保持输入引线紧密放在一起。

（3）不要在输入引线附近放置任何热源。

（4）不要让空调气体吹过这些引线。

## 4.28 关于仪器仪表的几点思考

关于仪器仪表的基本问题有许多相通之处。例如，信号起源于一种设备，有条件地终止于另一种设备。每个数据通道必须单独供电以避免不稳定性和限制交叉耦合。标准方法是为每个仪器提供一个输入电源，一个输出电源，在某些情况下提供一种励磁电源。这一事实在任何情况下不会改变。

数字世界的巨大发展使模拟世界有点黯然失色。一旦数据数字化，对参考导体、直流漂移校正、控制交叉耦合和处理混叠误差的需求都将逐渐消失。正如本书所介绍的，在数字世界中必须考虑许多新问题。如果有数字应变计和热电偶，测量就简单多了。

自然界在设计人类的时候，已经找到了同时兼顾模拟量和数字量的方法。人类的身体能感知连续的模拟信号；然而，信息在人类的神经网络上是以数字脉冲的形式发送的。

第5章

# 公用电源及设备地

**本章导读**

本章讨论了公用电源与电路性能之间的关系。为了保证安全和防雷击,要求设备必须接地。电气系统即使使用公用电源,也将电气设备连接到接地导体上。这种共享的接地连接产生了许多问题。接地平面和隔离变压器可用于屏蔽干扰。本章还讨论了线路滤波器、设备接地、飞机接地、使用绝缘接地导体等问题。此外,船舶等设施的防雷是一个重大的安全问题——应考虑电流不能进水位线以下,电池对船舶金属具有腐蚀作用;太阳风会破坏电力传输,损坏输油管道。

## 5.1 引言

每一个工程师都花费了大量精力来处理公用电源。公用电源会影响模拟和数字系统的性能。工作环境中充满着与电源相关的电磁场。这个环境包含着许多从远距离天线传来的辐射,这些辐射同样是利用公用电源供电的。因为电源场与模拟或者数字系统共享同样的物理空间,故能量能够进入电子设备中。正因为这个原因,设计工程师需要理解公用电源在电子干扰中的作用。

电源在空间飞行器、汽车、飞机或者实验室的应用中表现出不同的问题。本章将介绍电源在设备中的应用,所讨论的许多干扰过程可以应用到每个运行电源系统。

## 5.2　发展历史

当电力刚刚出现时人们几乎没有什么规章可循。经常有电源起火或人们受到简陋导线的电击事件发生。发生闪电时，电源线会引导闪电进入设备。在保险公司和国家防火协会的施压下，美国颁布了国家电气规范(National Electric Code，NEC)。这个规范提供了控制越来越强大的电力工业标准。

电力是现代社会的核心。当电力出现故障时我们对它的需求会立即显现出来。保证电源质量是很重要的。NEC已经被地方政府接受了并强制为法律规范。该规范也经常被修改以适应新材料、新方法及新流程。经历了时间的考验，该规范代表了良好的实践应用。该规范的每一条不是纯粹地基于学术性的，是可接受的，因为违背该规范将会给电力行业带来直接的困难。

NEC提供了电力安装时的安全规则，防止触电及电气引起的火灾。如果故障发生，断路器将断开电源电路，没有人会触电。列出的可以接受并用来安装的材料必须在所有的环境中都能工作，而且要在持续的时间周期中都能工作。电源导线必须接地，当闪电通过耦合进入电网后，在进入住所或设备前可以进入地线的通路，公用地的传输线限制闪电损坏配电硬件。它们的任务是给客户提供不间断电源。

NEC中描述的规则有多种可应用的方法。一些方法可能比另一些方法在限制电磁干扰方面要好。工程师必须理解干扰的机制，这样才能决定如何设计硬件设备和设施。

## 5.3　术语

NEC中清楚地定义了电力工程师常用的关键术语。这些术语必须有明确的定义才能保证实施规则不被误解。而电路工程师的语言是不断进化的。术语“地”对电力工程师意味着与地连接或与之等效，而对电路工程师来说意味着变压器副边的电力公共点或者浮动电路的参考导体。为了讨论电力线在电子产品中的作用，本章将利用电力行业中术语的定义，以便在后面利用这些术语描述电路的时候少一些障碍。下面给出了与电力相关的12个关键术语。

(1) 地：与地相连或者等效的连接。

(2) 设备地：是指所有可能与电源线连接的保护导体，包括管道、设备外壳、机架、插座、沟槽、裸导线及绿色导线。绿色导线在电力线中等效于地，是不传输电流的，除此之外，没有其他电力线可以是绿色的。

(3) 接地导体：传输电流的一个电力导体，标称电压为零伏，经常标记为白色。

(4) 非接地导体：传输电压的电力导体或“热”导体，颜色可以是黑色或蓝色，但永远不会是绿色或白色。

(5) 中性点：在三相电源中，带电流的导体上的电压为零伏，接地导体经常称为中性点，它们是从三相电力源中引出的一条导线。

(6) 隔离地：一个设备接地导体从插座到服务面板或者进线口单独形成的环路，一直是接地的。

(7) 进线口：电力进入设备的入口点。

(8) 接地电极系统：设备中所有的内部相连的非电力导体，包括建筑钢材、计算机板、设备地、钢筋、气体管线、钢缆等。

(9) 馈电电路：给分支电路提供电流的一组带有断路保护器的导体。

(10) 分支电路：一个带有断路保护器的给各种负载提供电力的电路。

(11) 派生电源：从一个辅助电源或者配电变压器引出一个新中性线的供电电源，这个中性线连接到接地电极系统的最近点。

(12) 设备列表：经过试验和准许作为电气安装的硬件列表。

## 5.4 公用电源

当电源发生故障时，我们对它的需求是显而易见的。保持电源质量很重要。地方政府已经接受了NEC，并将其规范作为法律条文强制执行。为了适应新材料、新方法和新流程，该规范定期进行修改。

我们相信购买的电器，这是因为在这些产品上市之前，必须遵守相关规定，并且由各种安全机构对产品硬件进行测试。在美国，大家都熟悉的是“UL 标准”。许多设计者都没有注意到，在三线制电源插头上，圆形接地端要比其他两个电源端长，这就迫使设备在连接电源之前接地，从而避免电击事故。

NEC 要求电器的金属外壳与设备要接地连接。当没有可用的设备接地时，允许使用电器的表面金属与中性或接地导体连接[①]。这意味着在一定范围内距离相近的接地水槽或水龙头之间可能存在小的电势差。这是接地导体中的电压降。

NEC 要求医院的电源插座是防修改的。当孩子们试图把东西插进插座时，他们就处于危险的情境下。防修改意味着加载弹簧的快门被电源插头推到一边。

NEC 不允许对规范列表中的设备进行修改，在插座上钻孔也是违法的。这就意味着所有替换部件将是兼容的。除非被批准，否则不能将配电线路或额外线路添加到配电系统中，因为这可能危及安全。对于电工或在设施上工作的承包商来说，这没什么奇怪的。

总的来说，NEC 提供了保持电气设备安全的规则。如果发生故障，在没有人受到电击的情况下，断路器将立即断开电源电路。所允许的安装材料必须能够在各种天气条件下提供长时间的服务。电力线必须接地，以便快如闪电的电力在进入住宅或设施之前能够找到接地路径。

接地导体沿着电网路径进行分布以防雷电对配电设备的损坏，主要是为客户提供不间断的电力。在发电与配电中有相对独立的接地规则。在发电站中，故障电流可能超过 4000A，这时护栏、金属地板、电缆、发电机框架等的黏结就变得至关重要。配电站的接地连接质量也是至关重要的。离开电站的高压线路可能发生接地故障，在造成损坏之前，发电机必须被断开。扶手和钢地板之间的电压降一定不能造成电击事故或引发火灾。

NEC 认识到了对设备进行漏电保护的必要性。该规范允许这些二次电源被阻止接地以限制最大故障电流。这种接地方法仅限于 480～1000V 范围内的电压源。

---

① 在第二次世界大战之前建造的许多住宅没有使用接地导体设备。出口插座均为非极化的两种导体类型。用三导体替换两导体插座是非法的，因为这会留下接地保护的错误印象。

需要故障检测器确定故障的位置，以便在发生故障时跳闸。

应用NEC中的规则可以有很多方法。一些经实践认可的方法在限制电干扰方面要优于其他。规则中并没有给出必须用哪个方法的任何建议。正是由于这个原因，工程师们必须理解干扰的机理。有了这些知识，就可以决定硬件设备如何一起工作来控制干扰。

## 5.5 大地作为导体

大地是个复杂的导体。大地上两点之间的电阻值的范围为数十欧姆到数兆欧姆。高电阻区域可能为花岗岩块、干燥的沙漠或者熔岩层，低电阻区域可能在潮湿的泥土上或者海岸边。把铜导体埋在土壤中，地连接电阻在几百个工作周期内可以低到1Ω。典型潮湿地的接触电阻在10Ω的级别。可以在两个接地点之间施加电压测量这个接触电阻。观测电阻的一半，就可以看作是每个接地点的值。

闪电是一个“搜索地”的现象。为提供闪电保护，NEC要求在电源进入设备时接地导体(中性线导体)必须在进线口接地，这里与大地连接的电阻不应该超过25Ω。在贫瘠土壤环境中可能达不到这个电阻值。在这种情况下，两个接地连接能充分满足这个要求。当闪电击穿电源导体，一个接地连接可以提供闪电离开设备的通路。即使这个公用电源接地，与大地连接仍然是需要的。这个要求所有的设备都单独接地。

接地连接的电源定义是在假设工作频率为60Hz的情况下测量的。第2章中的讨论可以明显看出，长圆导体的两个接地点之间不会有超过几百赫兹的低阻抗通路。

大地中流动的电流和设备接地电极系统电流不容易进行控制。电磁辐射常常归咎于这个流动电流。任何试图通过对设备中的大地区域进行隔离来限制这个电流流动都是不合理的。NEC中禁止在一个设备中有两个地电极系统。原因非常简单：两个10Ω的大地连接起来的电阻能够达到20Ω。如果故障情况发生在不接地导体或者“热”导体与第二个地电极系统之间，断路器可能不会断开。一个20Ω的电阻在120V时的负载电流只有6A，在这种情况下，正常来说都是地电势的两个导体也可能有电压。在这些条件下，故障状况可能导致未被注意到的严重触电风险。

## 5.6　中性线与大地连接

NEC 要求中性线或者接地导体的入口在进线口处与大地连接起来。这个中性线在设备内可能没有重新接地。这保证在设备内部，负载电流没有流经地电极系统。设备的故障保护系统依赖于这个限制。

NEC 要求一个设备地导体必须跟随一个电源导体并与一个电源插座相连。这个导体网格是地电极系统的一部分。设备地导体与所有的插座、机箱、水管和设备机架连接在一起。设备地导体必须跟随每一个电源导体作为设备安装的一部分。接地管道必须在所有开路电源线周围。如果一个"热"电源导体与设备地发生故障，这个故障路径必须是低阻抗以保证发生故障的电流足够高，以致断路器在几个电源周期中断开。这就是设备地和电源导体必须并行在一起的原因。任何大的故障路径的环路中有电感，用于限制故障电流的大小。

---

**注意**　NEC 允许管道作为唯一的设备地，并提供可允许的管道和硬件列表。在工业设备中，按惯例是优先采用绿色设备地导体，同时也可采用管道作为设备地。

---

设备地导体经常在许多接触点与地连接，这些接触点可能是水管、锅炉、电机外壳、建筑钢铁、金属滑轨。

---

**注意**　设备中的中性线电源导体只能有一个大地连接。

---

## 5.7　地电势差

信号电缆连接到信号源的远点并与这个远点的地电势相关联。当这个非终端的地电缆被引入本地电路，两点之间的电势差在示波器中可以看到。不同的电势意味着在穿过这个区域的电缆与地之间有电磁场存在。这个电压可以简化为场强乘以由电缆、地及示波器形成的环路面积。在某种方式下，这个区域面积为零，将不会测量到电压。对于地来说，电流关联的场分布在地平面的下方，因此没有方法使这个区域面积为零。如果涉及连续导体平面，环路面积的大小及电压耦合都可以控制。

在设备中，各硬件部分之间和各支架之间都有电势差。这些电势差同样也是区域面积中的电磁场引起的。这些场会在开路导体上产生面电流。一般来说不能用欧姆定律根据电压和测量电阻来计算流动电流。举个例子，两个机架之间的噪声电压可以达到1.0V。两个机架之间的直流电阻可能是1mΩ。利用欧姆定律进行计算，电流将会达到1000A。但很明显这是不正确的。印制电路板的表面也会发生同样的事情。地上两点之间电压在更多情况下是由连接区域的场耦合形成的，而不是电流。在第7章中将会讲到更多关于这方面的知识。

用欧姆表测量地上两点之间的电阻是困难的。如果强电流在导体中流动，数字或者有源电压表可能发生故障。通常，仪表的接触电阻比被测电阻更大。一个测量的方法是采用四端口方法。将一个已知的电流施加到被测电阻的两个外部接触点，被测电阻的两个内部接触点之间的电压可以观测到。这个方法避免了仪表的接触电阻问题。这个电阻等于内点电压除以电流的值。

导体两点之间的电阻取决于导体自身的电流如何分布。举个例子，正方形导体平板上两点之间的电阻取决于两点的位置及接触点的区域。因为电流不会在角落流动，角落的形状和厚度不会影响电阻值。

**注意** 导体两点之间的电阻取决于电流从哪里进入以及如何进入导体。

## 5.8 场耦合到电源导体

考虑电线杆上电源传输线的情况。沿着传输线方向移动的场能够在这个线路上耦合电压，有两种耦合方式。这个场经过两个导体形成的环路产生了常模电压；这个场经过导体对与地平面之间产生了共模电压，图 5.1 给出了这两种耦合方式。

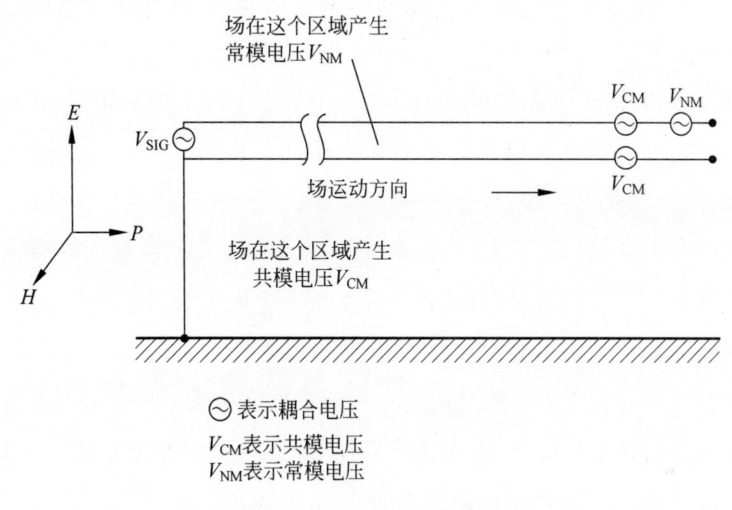


图 5.1 常模和共模耦合

常模耦合加入传输信号中。共模电压影响一组导体，表现为地电势差。地电势差可以看作是电流单独流动的属性，但是这个电压常常是耦合到仪表引线的场产生的。经常有流动电流但是不能用电势差计算这个电流。

共模信号是耦合到一组导体的平均信号。常模耦合单独影响到所有导体对。常模经常称为差别模式、差分模式或者横向模式，共模也被称为纵向模式。第 4 章讨论了共模电压的内容。

共模场既可耦合到电源导体也可耦合到信号导体。对电源来说，这个耦合包含中性线和设备地导体。耦合场在两个方向上移动能量。有反射发生，既有沿着线上的反射也有在末端的反射。这些反射不影响电源传输，但是能增加场能量到通过电源连接的硬件。电源线路滤波器反射频率可以超过 100kHz 的共模和常模干扰。电源线路谐波要求的滤波器是比较大且昂贵的滤波器，这一般是不现实的。

使场能量耦合到硬件电路中有许多方式。电源线路滤波器可以限制这个耦合，第 6 章将详细讨论耦合机制。

## 5.9 中性线导体

公用电源采用三相发电方式，这是因为发电功率在平衡负载的整个周期是常数。恒定功率发电意味着发电机转子的转矩在每一转动过程中是常数。重型设备(例如大型风扇和工业电机)直接与三相电源连接。对于大部分低功率应用设备，电源取自于相线和中性线。负载排列起来以保证每相提供同样数量的功率。如果负载是线性的且是均衡的，中性线电流在每一个周期中的平均值为零。

大部分电子装置利用整流系统在滤波电容器上储存能量。电容器需要接近峰值电压的电流。每一相中的峰值电流发生在不同时刻，导致中性线电流不能均衡为零。中性线电流富含谐波分量，在中性线导体中的电抗(串联电感加上串联电阻)上流动。中性线导体上的压降可以看作是设备地和地导体之间的电势差。这个电压与电力变压器上漏电容串联，导致电流在公用输入端导体上流动，如图 5.2 所示。

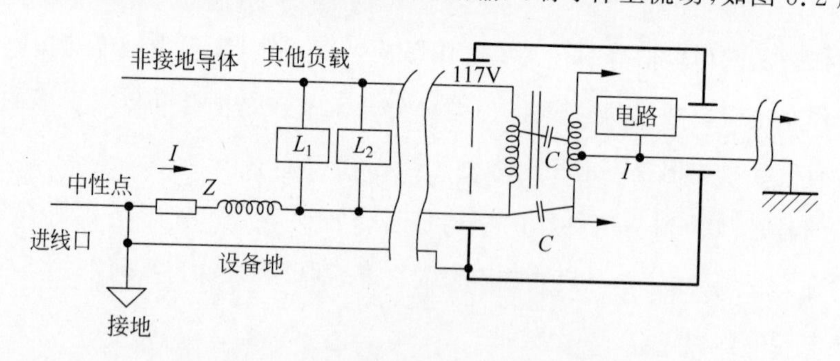


图 5.2　从中性线电压降引起的变压器的耦合

如果配电变压器的负载中有高频谐波分量，变压器周围的漏磁场必须携带同样的谐波分量。这意味着场 $B$ 周围有丰富的谐波。场中的任何高频分量能够很容易耦合到周围的导体环路中。如果建筑钢筋在附近形成环路，这些感应电流可以在整个设备中流动。一个较好的方法是在任何钢筋的附近导体环路中利用绝缘体打断这个环路。

在三相电源中，如果谐波含量非常高，中性线电流可能比线电流还高，导致传输高谐波分量电流的中性线导体过热。如果功率传输采用的是三角形连接，没有中性线导体可考虑。这种方式造价比较昂贵，因为它需要一个附加的派生电源。这个增加的变压器必须有一个中性点接地。实际上，派生电源像是一个新的进线口。当然，副边的负载同样产生一个中性点电压降。

## 5.10 变压器 K 因子

电子负载是典型的非线性负载。整流器系统需要在电压峰值时的大量电流。这个非线性电流可以用基波的谐波分量来描述。对变压器的影响是：增加了变压器铁芯的涡流损失和导线上的热损失。变压器给电子负载供电必须控制谐波分量的比例，否则可能导致电子负载过热。这个问题经常发生以至于变压器需要利用特定的因子。这个因子就是著名的 $K$ 因子。高的 $K$ 值要求制作变压器时采用高等级的不锈钢和大尺寸导线。为了限制趋肤效应，导线必须由薄层叠加黏制而成。计算 $K$ 值的方法有几种。简单的方法是采用式(3.1)计算。

$$K=\sum n^2\left(\frac{I_n}{I_T}\right)^2 \tag{3.1}$$

在该式中，$n$ 是谐波的次数，$I_n$ 是这个谐波分量的电流，$I_T$ 是总的负载电流。

如果没有谐波分量，$K$ 因子为1。谐波分量超过25阶就需要考虑计算 $K$。典型的电子负载的 $K$ 因子在8左右，超过30的情况很少出现。

## 5.11 功率因子校正

电网公司在向使用大型电动机设备的行业输送电力时都面临着一个问题：由于这些负载是可感应的，所以需要无功电流。为了解决这个问题，电网公司可以在线路上增加电容器修正这种无功电流，也可以使用其他功率因子校正设备来提供无功电流，功率因子校正设备最好位于负载附近。由于无功负载整天都在变化，因此功率因子校正必须是可变的。将电容器切换到电网上会导致瞬变，产生浪涌电流。持续几毫秒的涌入电流可以通过采用串联的浪涌电阻器来限制，这些电阻器会在一定的周期内短路。应该注意，切换会涉及三个相位。

## 5.12 非接地电源

一些设备需要非接地电源。一个常见的例子是加热大型熔炉所用的电源。如果电源发生故障或者跳闸，熔炉就会遭受损失。当熔炉是空的时候，程序检测到故障同时会关闭电源。设备利用非接地电源时自身必须具有处理任何可能发生故障的功能。

海军舰船上的电源是浮动电源，浮动电源也是一种电磁噪声。当电源与负载连接的开关闭合或断开时，整个系统的分布电容必须存储不同数量的能量。这个瞬态结果通过电力变压器进入每一个设备中。避免这种干扰的方法是增加一个配电变压器，为敏感电子硬件提供接地电源。

## 5.13 电源要求

当电源开关闭合时发生了什么情况？这个答案可能令人吃惊。开关闭合之前，地和非地导体之间的电场存储了静电场能量。在电源开关闭合时刻，一个波以 1/2 电压开始向负载和电压源方向移动。波电流取决于线路的特征阻抗。当波到达负载时会发生一个基于负载阻抗的反射。同时，波以 1/2 电压反向传播到进线口。波继续传播直到到达支路连接点。在连接点有另一个反射，波沿着这两个路径传播。这个分支和反射过程的电气活动快速进入设备的线网中。导线中存储的静电场能量开始向负载移动，提供电源给负载。

开关闭合之后的电气活动涉及许多反射现象，这个合成的波立刻传播到发电机。进线口的暂态波不再是一个陡直的波阵面。因为这些反射现象使暂态波失去了幅值。有趣的是测量电源线上离闭合开关不同距离的暂态电压。接近开关处的电压值在几纳秒内下降到一半；在面板附近暂态电压可能要持续几毫秒；在进线口的暂态过程几乎是不可见的。波必须最终到达发电机，发电机才能调整其输出电压以适应新的负载。

考虑设备中可以用到的静电场能量。假设每英尺导线的电容为 50pF。在 1ms 时间波传播的距离为 500ft。这个半径内的导线网络可能包含有 3000ft 导线。导线电容可能为 0.15μF。当电压达到 120V 时,电容上储存的能量大约为 $10^{-3}$J。如果这个能量在 1ms 内释放,电功率将会达到 1000W。如果负载需要 500W 的电功率,当距离超过 500ft 时,电压下降大约 5%。

沿着电源线电路方向反射的电能进入电源线之间导体的空间中,一些能量被限制在金属导体内部空间中,另一些能量增加到设备周围的场中。

电源线上高速的电压变化对内部的整流及滤波设备没有影响。仍然有一些耦合机理允许场进入电力变压器等硬件。如果电力滤波器没有正确安装,这就是干扰进入的地方。第 6 章将讨论干扰进入的工作机理。

## 5.14　大地电源电流

电源线在设备之间分配电源通常采用 4 线。这意味着中性线与其他三相同时传输。中性线沿着配电路径作为防雷保护接地。中性线电流的总量取决于负载的平衡和谐波含量。流动的中性线电流在接地点和中性线之间分开。接地点之间的电流密度低,电流在这里扩展到大地。宽的电流路径意味着低阻抗。一个典型的地电阻率为 1000Ω·cm。用这个数字计算长度为 10m 的土壤上的电阻只有 1.0Ω。

在使用电源的区域,地面下埋有金属物件,以减小大地上各点的阻抗。例如地下埋的煤气管道、金属栅栏和建筑钢铁。建筑钢铁在许多点接地是为了防雷的一种保护。中性线电流将会沿着这些导体流动,因为它们提供了比地更低的阻抗。注意,在建筑钢铁中流动中性线电流会关联流到附近设备的公用电源。

## 5.15　线路滤波器

电子硬件常常由线路滤波器供电。这些线路滤波器在电源引线和设备地之间放置电容。设备地形成一个网格,可以在许多点接地。这意味着无功滤波器电流可以利用并联路径返回到进线口的中性点。线路滤波器的一个功能是阻止干扰场进入硬件。滤波器工作原理是为高频能量提供了一个进入硬件的高阻抗通路和一个环绕硬件的低阻抗通路。滤波器电容中的干扰环路电流正如在设备地网格中的60Hz电流。所有返回环路引导到进线口，在这里设备地连接到中性导体和大地。如果流动电流有许多并联路径，场强将很低。滤波器的数量正比于所涉及的硬件的数量。在大型系统中，从进线口返回到中性点的无功电流可以达到安培量级。

线路滤波器能够为硬件提供本地电源的瞬时能量。如果硬件需要的能量是阶跃模式，本地电源滤波器的电容能够提供这个上升沿能量。这阻止了传播一个阶跃波进入设备的高频分量。但如果一个串联电感器位于滤波器的负载侧，这个能量就不可获得了。

**注意** 滤波器电容中的60Hz电流是无功的，这意味着与电压没有同相位。这可以用来确定流动电流的源。

## 5.16 隔离地

将提供的设备地导体和电源导体并联给所有硬件供电。每个硬件的线路滤波器在这个线路和设备地两端连接电容器。设备机架中的硬件、设备地也连接到这个机架。在单独的硬件中，没有机架互连到设备地。在这种情况下，设备地互连在电源插座。

在隔离地情况下，即使在插座处，设备地也没有连接在一起。相反，每一设备地导体各自返回到面板或进线口。这些并联路径很长，因此具有电感应性。如果有信号路径与硬件互连，电源滤波器电流将会流经这个交叉连接点。这可以将干扰耦合到这个信号过程，具体情况取决于互连电缆的特性，如图5.3所示。

一个硬件中产生的噪声可以充满整个设备。允许隔离地的理由是阻止从一个硬件中包含的电流通过设备地进入其他硬件。不幸的是，在一个隔离地中电流产生

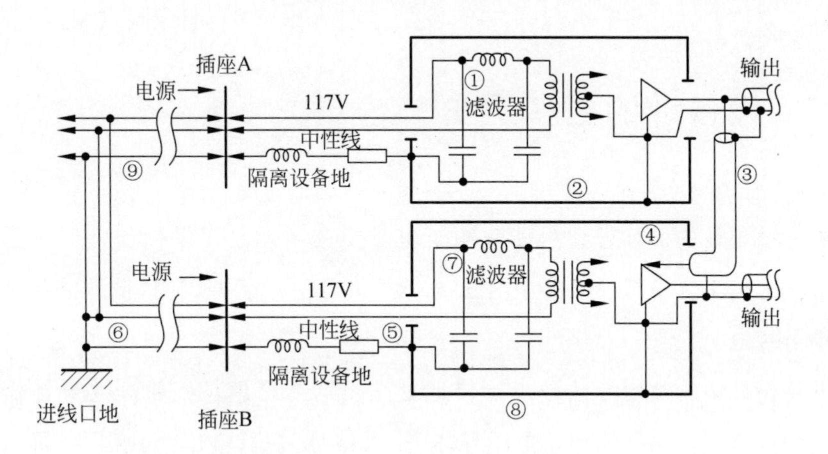


滤波器电流在路径①②③④⑤⑥和⑦⑧③②⑨中流动
路径③是信号导体

图 5.3　信号路径与硬件互连的滤波器电流流动

的场可以充满整个设备。问题不是电流流动而是流动电流产生的场。在附近导体中，场意味着面电流。如果每一设备地有一个长返回路径，设备中产生的场强度更大。设备地导体形成的网络相关联的场强度较小。如果电流分散到地平面上，场强度进一步减小。

---

**注意**　设备地导体网络的特性像是一个伪地平面。

---

单个设备地导体在较远的距离具有高阻抗。如果阻抗与线滤波器串联，则限制了滤波器在高频时的特性，转而允许线电压干扰进入硬件，这改变了加入线滤波器的目的。这是另一个利用设备地连接网络的原因。

在独立硬件中，电源连接常常通过单独的电源插座进行。在隔离地结构中，设备地所形成的环路更大。假设在两个导体之间的一个信号路径接近这个导体环路，从附近电机中的电流中断产生的暂态场能耦合到这个环路，产生感应共模电压，在信号接口这些电压足以损坏硬件。标准的设备地结构限制了这个环路面积，使安装更可靠。

## 5.17 设备地的更多历史

中心设备地的设计思想可能起源于电子学的早期。在设计硬件时人们发现利用导管接地减小了模拟放大器中活跃的干扰信号。有证据表明，良好的接地能进一步减小干扰。

电路设计中的常用方法是单点接地方案。这个思想是控制公共导体流动电流所引起的串扰。公共导体包括电源导体、输入信号引线、输出公共引线、屏蔽连接和设备地。这些导体堆放在一个由螺栓固定到机箱的公共地上，连接的次序应仔细考虑。这种排列方式的地称为星形连接。举个例子，一个星形连接确保输出电流不流进一个公共输入导体；同时，设备地中的流动电流将直接流到硬件机箱而不是信号导体。如果频率在20kHz以下，星形配置能很好地工作。在今天的数字世界中，这个方法不再有效，它在电路板级或设备级是无效的。

---

**注意** 星形连接有其使用的场合。中性线、设备地和在进线口处地的连接是个星形连接。

---

电路设计者以为接地可以吸收噪声。毕竟，连接到电路点到这个地的电容器似乎带走了噪声。好像很明显，地是个无限大电流池。电容器有能力旁路噪声。

在20世纪50年代，电子工业因航空和军事活动得到很大的推进。许多大型电子设备在这个时期被制造。接地的思想从硬件设计扩展到整个设备。一个典型的设备可能包含上百个电子器件。如果一个良好接地使得仪器没有噪声，那么一个真正好的接地连接将使得设备真正没有噪声。因此许多设备的制造采用了很昂贵和广泛的接地方案。星形连接扩展到良好接地连接，这个接地连接采用大量的铜和化学处理的土壤。所有信号屏蔽聚集在几个节点，通过一个大型导体传输到地。对所有公用设备地信号进行了相似的处理。在这些方案中，电源仍然是通过接地的进线口供电。这个接地连接与地完全分开。

让所有的设备地通过一个汇聚节点到这个星形地点，显著增加了故障保护路径的环形面积。这个方法增加了滤波器每个返回路径的环形面积。这在设备中增加了干扰场而不是使之没有噪声。

假定噪声电流进入大地却从来不返回，这当然不是一个好的工程。这被称为“电子学中的集水坑理论”。电路理论要求进入地的电流有一个返回路径。返回路在哪，没人知道。工程师似乎把这个问题放在一边。一旦一个复杂的接地方案被实施，很难再去禁用它，也很难用整个设备测试证明或反驳其质量。

**注意** 设备不是个电路，它是个复杂的导体，这里许多类型的电压和电流关联的场沿着这个路径存储最小的场能量。

传输所有干扰电流到大地的一个中心接地导体是个巨大的倒置天线。这个地周围的干扰场通过整个设备传播。要停止这种辐射设施必须建立一个坚固的密封金属盒。这是一个困难的建筑问题。

## 5.18 设备的接地平面

接地平面的表面是导电的，接地平面的大小取决于应用。对于印制电路板来说，接地平面的尺寸可能小到 $1cm^2$。一个大型印制电路板接地平面可能是 $12\times18in^2$（$1in^2=6.45cm^2$）。在电子设备中，建造的接地平面可能有一个房间的大小。接地平面包括机架上的侧板、铝箔条或建筑物下面的地面。虽然导电表面不是平坦的，但可以将金属盒视为接地平面。如果导电表面从地板延伸到墙壁，它仍然是接地平面。很明显，“平面”这个词已经失去了“扁平”的特征。

在第3章中介绍了印制电路板接地平面被用作逻辑和功率电流的返回路径。换句话说，携带信息的场在走线和接地平面之间传送信息。如果导电表面是易弯曲的，即使它变成直角，它仍然起着接地平面的作用。

**注意** 在设备中使用接地平面提供信息的返回路径是不实际的。

接地平面经常用于设备设计中，它们的存在并不能保证干扰受到限制。像任何其他工具一样，收益必须权衡投入。设备的大小和性质随着技术的变化而变化。曾经需要满屋子的硬件现在只需要一个设备，曾经需要大量的电缆现在只使用光纤，保持不变的是公用电力的特性、雷电的性质和静电放电（ESD）。下面回顾一下接地平面如何在设备中使用。

设备的接地平面通常是支撑在支柱上的桁条（纵梁）网格。桁条之间的间距可以是 30in，支柱通常高约 3ft（1ft＝0.3048m）。

高出地面的地板有几个好处。电缆可以在地板下的架子之间通过，这样的安装看起来很整洁。地板下面的空间可以形成一个充气室，用来为电子设备冷却空气。支撑在桁条之间的地砖是微导电的，以便在地板上行走的人可以排出身上电荷。这就控制了具有很强的破坏性的 ESD 过程。人体对地板的电容一般约为 300pF，时间常数为 10s，意味着地砖应提供大约 300MΩ 的电阻路径，以允许人体上累积的电荷快速排出。这些导电地砖通常具有约 $10^7\Omega \cdot cm$ 的电阻率。

如果桁条网格与房间周边的建筑用钢相连，那么在闪电活动期间，设备机架之间的电势差将是有限的，结构如图 5.4 所示。

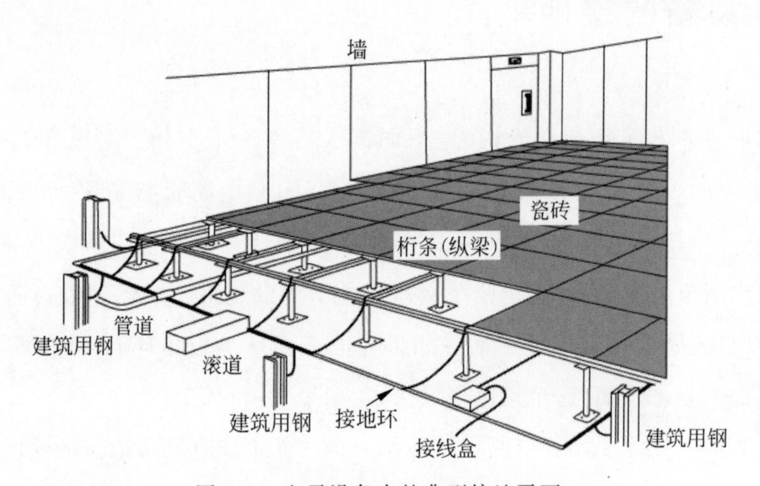


图 5.4　电子设备中的典型接地平面

设备接地平面不会衰减或消除电磁场。导电平面的唯一作用是反射一个到达的波，它具有一个与平面相切的场 $E$。具有垂直场 $E$ 的波可以沿着导电平面表面传播而不衰减。平行于导电表面的相关场 $H$ 仅仅使表面电流流动。

为了使桁条接地平面看起来像铜板一样好，桁条之间的电阻连接应该很小。这是通过制造电镀表面的桁条和使用弹簧式垫圈将桁条螺栓连接在一起来实现的。这样，接触面处于恒定压力下，其目的是为了在一系列地板载荷和温度变化时保持良好的连接。

桁条(纵梁)接地平面应该连接到每个电子设备，而每个电子设备又连接到每个设备的接地平面。设备中的线路滤波器已经避开了接地的电容器。该桁条系统连接到接地设备，并为这些电力滤波器的电流提供多条路径。因此，桁条系统在限制与该电流相关的干扰场的强度方面是有效的。

每个嵌在桁条之间的瓷砖必须与瓷砖周边的桁条接触。当瓷砖被移除替换时，提供这种连接的硬件必须重新安装，否则就不能达到防止电荷累积的保护作用。

---

**注意** 控制ESD的最佳方法是控制湿度。如果湿度在30%以上，电荷积聚的可能性就很小。控制湿度的最佳方法是使用中央空调，加湿器经常起不到足够的保护作用。

为了避免产生ESD(静电放电)，转台抛光机不应该在电子硬件附近的地板上使用。

---

接地平面的桁条起到类似金属网的作用，只是比金属网的开口大很多。为了使金属网有效，它必须与周围的外壳结合在一起，可以参见7.10节的介绍。由于接地平面是由桁条制成的，周边没有受控的导线用于孔径闭合。由于这个原因，在接地平面两侧可以存在外场。

为使设备中接地平面有效，所有设备机架都应在其底部与地面黏合。实际上，设备机架应该是接地平面的延伸部分。更重要的是连接电缆的布线。通常的做法是把电缆放在机架下面的混凝土地板上。电缆与桁条接地平面之间的环形区域可以很大。这些环路区域允许在桁条底部存在磁场共模耦合。在桁条上悬挂电缆可以减少这种耦合，尽管少这样做。

连接在一起的机架应该在接触压力下使用接触垫圈来紧靠电镀表面，即使振动也不能使这些连接松开。

## 5.19 其他接地平面

混凝土地板中的钢筋可能被视为接地平面。钢筋埋设在混凝土中，不存在多个表面连接。因为钢筋不是在每个交叉点都有焊接，所以它们不构成适当的网格结构。这种钢对设施的电气性能几乎没有影响。钢只是更导电的材料，如水管、煤气管道、钢梁或金属托盘。这些导体改变电磁场，但它们不是受控表面。

导电表面可以被添加到连接设备机架的地板上以形成接地平面。这个增加的表面必须在其两端的宽度上黏结到机架的框架上才能有效。这个增加的导体不应该使流动的电流在单点处集中。接地平面只有在控制或限制场耦合时才有意义。

## 5.20 远程站点接地

远程站点通常在露营车中放置电子设备。如果向站点提供公用电源，可能存在安全问题。如果站点在荒漠，则可能没有足够的本地接地连接。车架成为接地电极系统。车辆外部的所有金属物体都应该连接到车辆上。如果没有做到这一点，就有可能存在触电危险。如果存在电力故障或附近有雷击，则车辆和这些导电的外部金属物体之间可能存在电势差。例如，一个金属地板垫和一个附近的金属栅应该连接到车辆底盘上。如果没有这种连接，这可能是极其危险的。

## 5.21 延伸接地平面

如果需要将一个接地平面从一个房间延伸到另一个房间，那么通过隔墙进行一系列连接就可以了。一种典型的解决方案是使用横跨房间导线将桁条连接在一起。这些导线可以被焊接或通过螺栓连接到桁条上的预留表面上。

如果需要将一个接地平面延伸到二楼，接地平面必须通过一堵墙的向上延伸部分进行连接。在这种情况下，在地板之间布线的电缆必须穿过平面的另一侧，这种布局应该不会有问题。墙平面可以用金属网制成，只要导体在每个交叉点都黏结在一起。网格应沿着房间的纵向焊接或螺栓连接到桁条系统上。网格中的孔允许磁场穿过另一侧，电缆也必须穿过这些网格。

试图使用建筑物间延伸的接地平面是不切实际的。一个公认的妥协方案是将电缆放置在一个大的导电管道内，并将管道两端与地面连接。这就能使与闪电相关的场停留在管道的外部，降低了雷电跟随电缆进入硬件的风险。光纤或射频链路是在建筑物之间传输信号的有效方法，而不必考虑地电势差。

## 5.22 闪电

当下雨时，水滴夺去空气分子的电子，携带这些电荷到地球，空气中的这些电荷形成了围绕地球的电场。电场强度在地球表面的平均值大约为100V/m。我们一般不太重视这个场，因为无论我们走在地球上哪个地方，电势都会变为零。我们的身体是与地球始终保持接触的良导体。出于这个原因，我们没有感觉到这个电压梯度。用灵敏的仪器可以测量出该电压梯度。

在有风雨天气的地方，电场强度增加，场强在尖端物体附近能够达到很高。如果空气在这个物体附近离子化，电离路径在物体尖端向上延伸。在云和离子化路径的尖端之间的电压梯度增加，这加速了离子化过程，导致一个很窄的导电路径建立在地球和离子云之间。此时，有一个雪崩电荷向下沿着电离路径流动。离子云利用这个电离路径作为一个导体存储能量。这正如一个很长的导体正在对一个巨大的储存电荷的电容器放电一样。

空间中放电容积可扩展到离电离路径附近150m的地方。以光速计算，大约0.5$\mu$s的时间这个场就会崩溃。电流脉冲可以从几千安培达到十万安培。电流的第一个脉冲将加宽电离路径。当这个电流脉冲停止，云中的场重新调整，第二个和第三个电流脉冲可以沿着同样的路径。当路径断开或者电压梯度很低时，闪电活动停止。

**注意** 闪电的机理就是保持地球上空气中的所有电荷平衡。

## 5.23 闪电和设施

当闪电击中地球时，电流在地球表面分散。因为趋肤效应，电磁场不能穿透地球较深的地方。电击点附近的电压梯度大到足以使站立在潮湿地面的动物触电而亡。

公用设施应该使进线口在同一个点进入设备，例如可能是电源、电缆和电话线路。如果使用了分开接地点，附近闪电电击可以在这些公用设施之间产生大的地电势差。如果这些电路一起置入同一个硬件，可能造成硬件的损坏。

闪电和电路理论几乎没有共同点。闪电脉冲附近的电磁场很复杂。这个快速改变的场控制了闪电将发生的路径。来描述这个电流路径最好的工具是电感。当主脉冲到达建筑物时刻，与地的电压是零。流过建筑物的能量可以看作是在同轴传输线中传输的波。闪电路径是中心导体，外部导体（返回路径）是位移电流在附近空间的流动。位移电流来自于快速变化的 $E$ 场（电场）。

各种不同形状的导体上的电压可以通过假设在一个电感上的电流变化率计算得出。电流脉冲的上升时间大约为 0.5μs。一个 10in 长导体的电感为 1μH。一个 50 000A 的电流脉冲在电感上产生的电压为 100 000V。在建筑物上，每层之间的电压很容易达到百万伏。当达到这个电压幅值，空气能够被电离并导电。当闪电击打在建筑的钢铁上，可以看到闪电在大梁上跳跃而不是沿着水平梁到垂直梁。原因很简单，直角路径具有电感应性，产生的电压将空气电离化。空气击穿始于梁的交叉点，并移出进入周围空间中。当闪电击打建筑物的屋顶时，闪电应该通过导体被引导到设施的墙上并通过向下并行的导体引向地。这个增加的闪电路径应该比空气管道、水管道或者天线的阻抗要低。

向下并行导体应该提供笔直路径而不是弯曲或者转向的路径。如果必须有转向，它们必须有合理的半径。一个宽的裸金属远好于一个向下的大型圆导体。在建筑物中片状金属墙板能提供比一组向下并行导体更低的阻抗路径。在这种情况下，这组向下并行导体可能真是多余的。如果使用片状金属，它应该沿着底部边通过多点接地来限制设施楼层地的电弧。

闪电可以在向下并行导体附近产生一个高感应电场。在一个具有钢结构框架建筑物中，电子设备应该放置在远离钢铁的位置以避免可能的破坏。为了证实这个问题，在距离一个50 000A 脉冲电流1m 远的地方 $H$（磁场强度）几乎为8000A/m，$B$（磁感应强度）是 $\mu_0 H$，等于0.01T。这个磁通量在 $0.01m^2$ 环形、导体上为 $10^{-4}$ Wb。如果磁通上升时间是0.5μs，感应电压是200V。在带有一样的电流片状金属墙板附近，这个感应电压可能减少为原来的1/10。

**注意**　闪电电流不需要流入电路就可以造成破坏。附近的脉冲就可以感应产生足够的电压并在一个环形导体中破坏电路。

## 5.24　船舶避雷保护

在有雷雨的地区，船只经常被闪电击中。桅杆或天线的存在为电击提供了一个吸引点。小型船只特别脆弱，因为它们通常不是金属结构。闪电是一种寻找地的现象，在这种情况下意味着寻找海洋的表面。在金属船只中，电流被分散并在很宽的区域内流入水中。在小型船只中，电流进入水中的入口是有限的。

**注意**　在一些文献中，海洋表面也被称为地面。

经常忽视的复杂情况是，电流不能从龙骨或浸没水中的螺旋桨轴流入水中。这是因为海洋是导体，磁场在导体中衰减。需要明确的是，电流的流动需要消耗磁场。金属船体之所以能工作，是因为电流能从大面积的海面进入海洋。在小型船只中，可能没有一条通向水面的简单传导路径，结果是船上导电物体之间会产生电弧。在这种情况下，人体也是一个导电体。

闪电活动所涉及的能量是在云层的电场中。这种能量可以通过光、声音和热释放。在海洋中流动的闪电电流受限于水面几英尺处的趋肤效应。首先考虑的是防止闪电进入天线并破坏电子设备。可以安装高于天线的尖形接地导体(也称为避雷针、空气端子或下行导体)。天线信号可以使用绑在天空设备终端上的同轴电缆进行传输。同轴通道中的导体将确保闪电电流将遵循直线路径。下一个问题是提供从任何设备终端到海洋表面的传导路径。一组向下的并行导体形成所谓的法拉第笼。这些导体就像保护伞限制场的渗透。在这种情况下,闪电电流沿着这些下行并行导体通向海洋表面。

为了更有效,下行并行导体应该进行“接地”。由于闪电电流(场)不能穿透海水表面超过 1m,所以接地的首选位置在水位线上。

如果没有设置下行并行导体却发生了雷击,那如何将能量传到水中。电弧通常发生在可用导体之间以便将能量传到水中,可用导体可以是电线、导管、电气硬件或管道。为了到达水中,电弧的放电甚至可以在包裹船体的绝缘表面上电击出一个洞。

## 5.25 停泊的船舶接地

我们通过讨论与电荷相关的电场和磁场开始编写这本书。这些电荷是围绕原子核的电子。在导体中,参与电活动的电子数量只是可用数量的极小一部分。有趣的是,金属、气体和介电材料的性质是由这些电子的场如何在原子水平上相互作用决定的。事实上,导体在非常高的电流水平保持其物理性质,另一种说法是几乎没有任何可用的电子参与电流流动。

化学是研究原子如何相互作用的学科。基本上,这种相互作用涉及在复杂的分子结构中共享电子。大多数金属在自然界中很少以纯态存在,一个很好的例子就是我们称为钢的铁合金。自然界给我们的铁矿石是氧化铁,我们必须做大量的工作,把铁和氧分开,然后加入各种其他元素得到一种好的结构材料。铝也是如此,铝是通过电解从铝土矿中得到的。重要的是要认识到,自然界总是试图将金属与其他原子结合,因为这代表了较低的能量状态。对于铁,与它结合的原子是氧原子,形成的氧化铁分子就是俗称的铁锈。

当导电液体(如海水)与金属接触时,会发生许多化学反应。当盐溶于水中时,钠和氯原子形成的离子不会像在晶体中那样结合在一起。这些离子在某种意义上是分离的,它们可以支持电流在液体中流动。离子电流是电镀的基础。

考虑两艘船与海水接触:一艘是铝船体;另一艘是钢船体。这样就形成了电池,并且在金属之间可以测量到电势差。如果在船体之间有导电路径,例如设备接地导体来自岸上电力,电流将从电池流经海水。海水的化学作用会氧化铝船体,需要三个铝电子来结合两个氧原子以形成一个氧化铝分子,这就是所谓的电偶腐蚀。

限制这种腐蚀有两种方法。第一种方法是使用电流隔离器。这些隔离器抵消设备接地导体中产生电流时微小的电势差。一对背对背的硅二极管将抵消大约0.6V的电势差。如果与设备地串联连接,电池将不再起作用,但仍能提供故障保护。第二种方法涉及牺牲阳极。优选的材料是锌,因为在电位序中锌的位置比较靠前。锌被氧化的,而不是铝。锌必须与铝制船体在水位线以下有良好电连接。如果涉及大的表面,那么可能需要几个锌阳极。在直流电中,电流确实在水面下流动。

我们都知道要保护船只免受电偶腐蚀和杂散直流电流的腐蚀。有许多不同的条件需要考虑。通常由铝、不锈钢和铁组合而成的物品,不需要接地导体就能发生腐蚀。有一些细节需考虑,如裂缝、塑料绝缘体和缠绕紧密的绳子等地方,水可以氧化金属而造成损害,甚至在水中产生酸的化学过程也会对木船体造成损害。

## 5.26 飞机接地

在飞机金属表面上移动的空气很容易使飞机在飞行中造成电荷积聚。在飞机着陆时,这些电荷最终会流到地面。电荷的排放率取决于空气湿度和飞机的轮胎状况。标准做法是在飞机加油之前对飞机进行接地连接。接地意味着在燃料车、飞机和地面之间的电气连接,是在打开油箱盖之前完成的。飞机与燃油线之间的任何电弧都可能导致爆炸和火灾。加油人员必须穿着特殊的鞋子和衣服,以避免静电放电(ESD)的风险。

飞机在飞行中经常被闪电击中,闪电使飞机作为闪电路径的一部分。如前所述，闪电通常由多个脉冲组成。飞机在脉冲之间行驶的距离将显示为一系列直线凹痕。飞机上的燃料盖是用来防止表面电流进入的。

## 5.27 接地故障中断

NEC现在要求在厨房、浴室及可能使用电器设备的户外使用GFI（接地故障中断）电源插座。如果接地导体中没有回流5mA或更多的电流，这些插座将中断电源。例如电器设备中金属外壳已经与非接地（热）导体形成了一条导电路径就是一个典型的例子。如果用户在金属水槽和电器之间进行电连接，就会受到电击。5mA范围内的电流也可能是致命的。

GFI中的电路很复杂。接地和不接地的导体通过小的环形线圈连接。如果电流正好相等且相反，磁路中的净安培匝数为零。如果电流不平衡，一个几百转的线圈在环面上会产生一个几伏的信号。这个信号操控电路，然后操控继电器，继电器将电源从插座断开。继电器"开启"被锁定，只能通过机械方式复位。这种电路已经并入到大部分的半导体元件中。没有实现小型化，产品就不实用了。

**注意** 当分支电路上有多个插座时，只有一个插座需要GFI。在GFI之外连接的插座将被自动保护。

如果插座不工作，断路器却是正常的，问题可能是GFI跳闸了。

## 5.28 隔离变压器

隔离变压器是一种独立派生的电源。它们常用于操作重型设备，如焊机、间歇式电动机、提升机和冲床。这些负载可能给实验室或测试设备带来干扰问题，这取决于设备是如何设计的。

隔离变压器提供新的接地或中性导体，可消除很大一部分的干扰问题。这个附加的变压器还有两种方法可以减少干扰。可以在初级变压器线圈和次级变压器线圈之间添加静电屏蔽，并且可以在初级变压器上放置线路滤波器。带有屏蔽、滤波器和断路器的变压器通常被称为计算机电源中心。屏蔽的作用如图 5.5 所示。

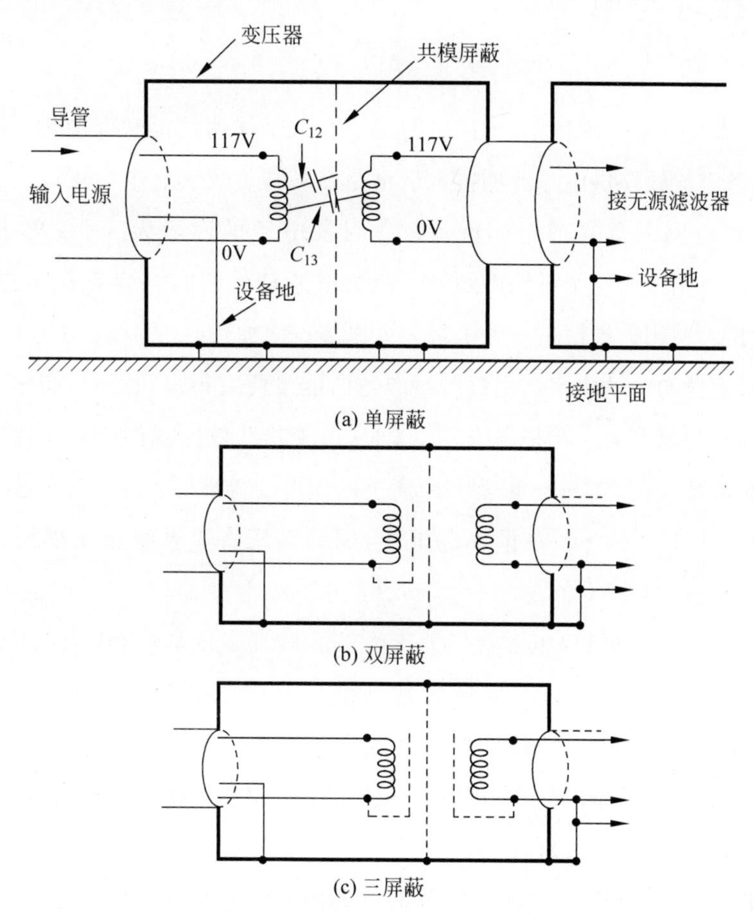


图 5.5 单相隔离变压器屏蔽的作用

第一个初级屏蔽限制了电容 $C_{13}$ 中共模噪声电流的流动。有了屏蔽，电流只在 $C_{12}$ 中流动。在 $C_{12}$ 中流动的电流也在初级线圈中流动，并且由于变压器的作用，噪声可以在次级线圈一侧出现。为了限制这种耦合路径，添加了第二个初级屏蔽，如图 5.5 所示。

在次级线圈上通常增加第三个屏蔽。这限制了通过耦合到初级电路而产生在次级线圈一侧的噪声。重要的是要注意，这三个屏蔽被连接在变压器内部，而且短连接是最佳的连接方式。那些把这些屏蔽接到中心接地点的想法是不正确的。

## 5.29 接地与电网

这里以太平洋电网为例，太平洋电网用于在太平洋西北部和南加州之间输送电力，它用两条直流线路供电。这项技术最早是在瑞典开发的。电力可以向任何方向输送，但是在电网内部它通常向南流动。目前电源的容量为 3.1GW，足以供应 200 万～300 万用户。这个系统由约翰·F.肯尼迪总统于 1961 年向国会提出的，并于 1970 年投入使用。据说这个系统每天可以节省南加州 60 万美元的支出。通过哥伦比亚河水输送的能量比燃烧化石燃料产生的能量便宜得多，也清洁得多。直流电实用的原因与距离有关。在频率为 60Hz 时，由于趋肤效应和供应无功能量造成的损耗使得交流系统在 500mile 以上的距离上的供电变得不切实际。有了改进的逆变器，这个距离现在短得多。在世界范围内，围绕高压直流系统正在规划许多扩展系统。

该电力网将三相 60Hz 电源转换为正负 500kV 直流。太平洋电力网是两条直流输电线路，从华盛顿州的塞利洛换流站到洛杉矶附近的西尔马换流中心，距离 1362km。地球（电压中点）用作中性导体或参考导体。每个导体的电流为 3100A。大约 10% 的损耗意味着 300A 的接地电流。为了限制连接接地路径时的损耗，接触电阻必须是毫欧姆的数量级。

线路北端的接地线路在 6.6mile 外的俄勒冈州赖斯平原。接地连接由 1067 个铸铁阳极组成，阳极位于一个 2mile 宽的充满石油焦的沟槽中。接地连接通过两个 1.1in 的钢芯铝导线与塞利洛连接。

南加州的接地连接也同样不同寻常。在威尔·罗杰斯州立海滩，一共有 24 根硅铁棒悬挂在混凝土围栏中，被淹没在海底 1ft 之上。海滩到西尔玛的距离是 30mile。两个接地导体也是 1.1in 的钢筋铝。该系统的效率估计为 77% 左右。电力导体使用了 8600t 铝。每根直流电力线导体每千米的电阻值为 0.027Ω。

现在使用的转换器是一组称为阀门的光激活晶闸管。这些转换器比早期的汞弧阀更有效。现在的转换效率使得更短的传输变得可行。2010年，在匹兹堡、加利福尼亚和旧金山之间完成了53mile直流电力线路。该线路能输送400MW、200kV的直流电，即峰值需求的40%电源。

## 5.30 太阳风

太阳不断地喷射带电粒子，这些粒子主要是电子和质子。地球的磁场使大部分电流偏转。在太阳剧烈活动期间，粒子流会破坏地球上的通信，偶尔也会造成停电。等离子体将直流电流耦合到使配电变压器铁芯饱和的长传输线上。在这种情况下，必须中断电源以避免系统损坏。如果系统不能从这种传输损失中重新配置，那么系统会停电很多小时。显然，关机比更换硬件要好。在太阳剧烈活动期间，公共事业部门一直处于警戒状态。

长长的金属管道可以与这种太阳风耦合。在北极，长长的输油管道被支撑在塔上，这些塔与下面的融化的土地相连。绝缘体必须中断所形成的导电环路，否则电流引起的电解会破坏管道。

# 第6章 辐　　射

**本章导读**

本章讨论电路板、传输线、导体环路和天线的辐射，给出了方波和脉冲的频谱。阻抗的匹配将能量从传输线转移到天线中，这样它就可以将能量辐射到自由空间。本章讨论了场与导体的共模和常模耦合、波阻抗的概念及其与屏蔽的关系、使用表示脉冲或阶跃函数的上升时间频率对干扰的分析、各种发射机的有效辐射功率、雷电和静电放电的场强、环路产生的低阻抗场的屏蔽等内容。

## 6.1 辐射和敏感性

工程学涉及将科学原理应用到现实世界。当涉及电磁辐射和敏感性时，需要进行大量的简化来描述所发生的事情。可以把理论应用到天线设计上，但是很难把天线理论应用到印制电路板产生的辐射上。很难计算出穿透无限大导电平面上的圆孔的波的结构。如果孔在一个金属盒内，那么解可能是近似的。如果金属盒有内部电路，那么必须估计内部场的情况。建议采用类似传感器的设备测量盒子内的内部场。困难的是这个传感器也变成了问题的一部分。

**注意**　几乎所有涉及辐射和敏感性的实际问题都需要采用近似解。

在现实世界中，辐射和敏感性问题很复杂。孔不是圆的和位于中心的，辐射不会垂直于表面到达，场也不是平面波。计算机可以用来计算这些问题，但是几乎不可能提供精确导体几何体的值，保证程序能够工作。实际上，工程经济学要求不考虑全部的问题。要了解在实际中发生了什么，我们只能利用基本原理，寻求最坏情况分析。基于这种思想，我们假设分析是在圆孔、无限平面和理想平面波的基础上。

**注意**　即使最坏情况分析也应该提供误差范围。

## 6.2　什么是辐射

前面讨论了电场和磁场。我们看到，当能量被传输到电容器、电感器或者变压器时，这两个场都存在。在第3章，我们看到了波在传输线上如何传递能量，以及在特征阻抗的每一次跃迁中能量是如何被反射和传输的。本章将讨论以光速离开几何形状导体的电磁场。

在第1章和第2章中，我们看到了空间体积具有电容和电感。对于在空间中传播的波，电场和磁场能量连接在一起并共享相同的空间。在传输线中，电场强度与磁场强度的比值的单位是欧姆。传输线的特性阻抗是单位长度的电感与单位长度的电容之比的平方根。

$$Z_0=\left(\frac{L}{C}\right)^{1/2} \tag{6.1}$$

这个比值同样适用于太空中传播的电磁能。在这种情况下，该比值涉及自由空间中单位体积的电容和电感。这个数字是377Ω。

为了说明这种辐射过程是如何工作的，可以考虑一条传输线，其中有两个独立的导体。这可以通过串联一系列特性阻抗不断增加的短传输线来近似。考虑施加到该线路上的阶跃电压。在每个界面上，都有反射和传输。在特性阻抗接近377Ω之前，传输线不需要太多的线路扩展。此时，反射波能量接近于零，透射波能量接近100%。在所有接口上需要数百次反射和传输才能看到发生了什么。经过一段时间后，以光速行进的平滑脉冲离开线路的末端进入空间。我们建造了一个发射结构。这种情况下的辐射是圆形脉冲。如果驱动电压为正弦波，则辐射场也将是正弦波。

## 6.3 正弦波与传输线

第3章中介绍过使用阶跃波在电路中携带能量是很方便的。传输线通常用于传输正弦波能量。在调幅收音机中，正弦波由音频信号调幅，并被传送到天线进行辐射。在调频收音机中，传输线所携带的正弦波是调频的。同轴电缆是用于传输载波型信号的传输线。目前，我们致力于研究正弦能量的传输和辐射。

考虑连接到正弦电压的传输线的长度。我们对瞬态现象不感兴趣，只对稳态条件感兴趣。沿整个线路的电压波形是正弦波。如果线路在特性阻抗之处终止，则没有反射，所有正向能量都被吸收。如果线路是开路的，那么会发生什么取决于线路的确切长度。我们知道线路上储存着能量，而且在稳态情况下，储存的能量是固定的。如果反射波出现在与驱动电压同相的输入端，则没有输入电流。这意味着输入阻抗是无穷大的。对于不同的线路长度，输入阻抗将是纯无功的（如电容器或电感器）。这意味着，对于一段未确定的理想线路，存储的能量是固定的，这取决于电压水平。有电流流动，但能量没有消散。

我们已经看到，如果传输线在匹配阻抗处终止，则沿线路移动的能量在电阻器中耗散。在第3章中，我们了解到传输线的特性阻抗基本上是电阻。我们研究的是如何将传输线连接到能够将能量辐射到太空的天线。为了有效地将能量辐射到自由空间中，传输线和天线必须看起来像自由空间的阻抗或是377Ω。这些辐射器（天线）使现代社会运转起来。没有这些辐射器，就没有电视和手机。如果手机是9cm长，这是频率为832MHz的1/4波长，这与手机接收器中使用的频率接近。

## 6.4 脉冲和方波的近似计算

电路产生的辐射可能由方波时钟或数字逻辑引起。使用方波电路中的直流-直流变换器也可以产生辐射。这些信号交叉耦合和辐射的能力主要取决于上升时间、幅值和环路面积。下面从分析方波的频率开始讨论。

电压或电流的方波产生了场 $E$ 或 $H$ 的方波。可以通过傅里叶分析得到组成方波的正弦波频率和幅值。图 6.1 给出了它们的幅值。基本频率的均方根幅值为 $2A/\pi$，其中 $A$ 为方波的高度。组成方波的正弦波包括基波的所有奇次谐波分量。三次谐波的幅值是基波的 1/3，五次谐波的幅值是基波的 1/5，以此类推。图 6.2 画出了这些幅度和频率的对数刻度。注意，图中谐波幅值沿着一条直线。这条直线的斜率为 20dB 十倍频程。我们将这条线称为峰值幅度的包络线。

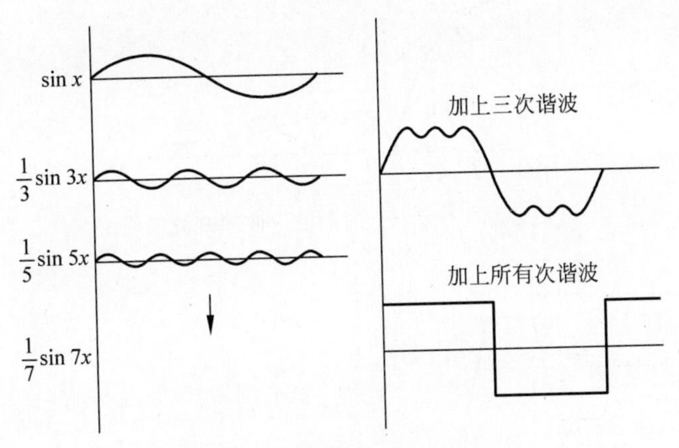


图 6.1 谐波组成的一个方波

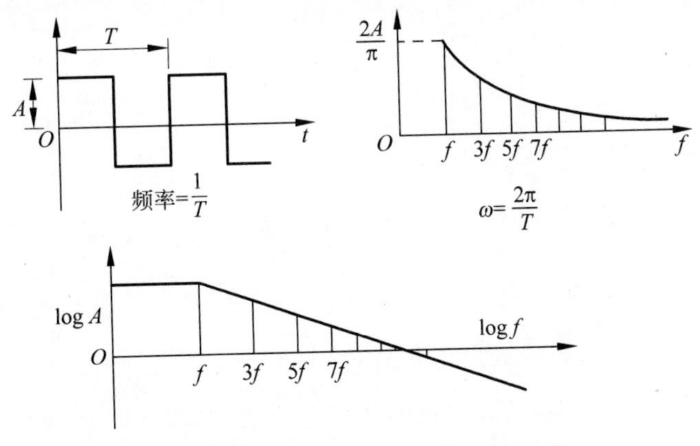


图 6.2 方波的谐波以对数刻度画出[①]

① 图中 log 函数的底数是任意的，不一定是 10，下同。

当方波的上升和下降时间有限时，傅里叶的分析有一点复杂。谐波分量如图 6.3 所示。这种情况下，谐波幅值是变化的。当谐波以对数刻度画出时，这是一般形式。在频率 $1/\tau_r$ 以内，$\tau_r$ 是方波的上升时间，谐波幅值小于 $1/\tau_r$ 频率的线性包络线。当超过这个频率，幅值包含在一个随着频率的平方下降的包络线内。在对数刻度画出后，第二条包络线的斜率为 40dB 十倍频程，如图 6.4 所示。

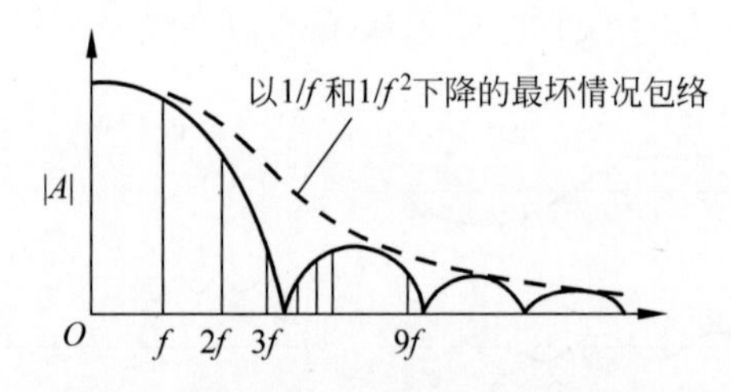


图 6.3　有限上升时间的方波的谐波组成

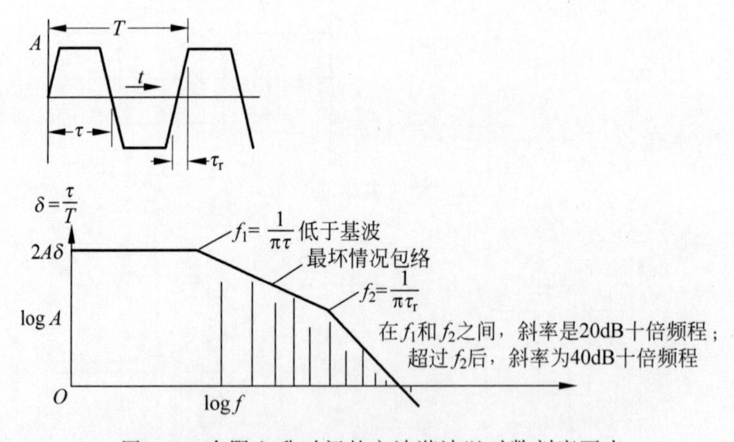


图 6.4　有限上升时间的方波谐波以对数刻度画出

对于一个短占空比和有限上升时间的重复脉冲，傅里叶分析表明，谐波频率小于 $1/\pi\tau_r$ 时，幅值小于 $2A\delta$。这里 $\delta$ 是脉冲时间与占空比时间的比值，即 $\delta=\tau/T$。图 6.5 给出了带有包络线的谐波对数刻度。对于谐波幅值，最坏情况的包络线的斜率在频率 $1/\tau$ 到 $\tau_r$ 之间为 20dB 十倍频程。超过这个频率，谐波幅值下降为 40dB 十倍频程。

对于一个单脉冲，频率包含所有的数值。幅值是个常数，频率为 $1/\pi\tau_r$，如图 6.6 所示。

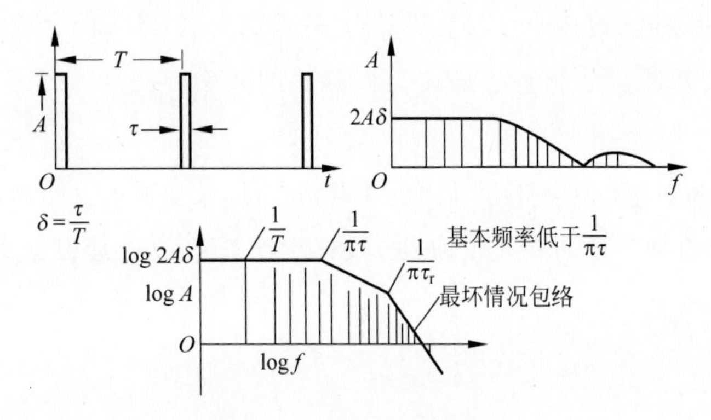


图 6.5 重复短脉冲的频谱

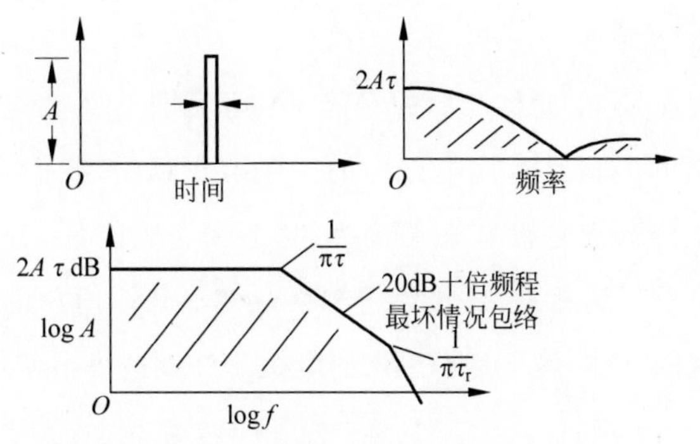


如果A单位是伏特，τ是微秒，那么2A τ单位是伏特每兆赫

图 6.6 有限上升时间单脉冲的频谱

当一个电压、电流或者场的方波耦合到电路，时域响应可以通过对每个谐波响应相加而得到。在大多数电路中，耦合的过程与频率成正比。因为谐波幅值随着频率衰减，而耦合随着频率正比增加，两种效应相互抵消。结果是可以重构一个方波，谐波分量的频率为 $1/\pi\tau_r$。在有限的上升时间，超过频率 $1/\pi\tau_r$ 的谐波通常被忽略。

为了分析一个电路对复杂波形的响应，可以选择一个正弦电压，频率为 $1/\pi\tau_r$，这里 $\tau_r$ 是上升时间。正弦波的均方根电压幅值应该设置为 $2A/\pi$，这里 $A$ 是波形的峰值电压幅值。这个频率和幅值可以用来确定是否存在电路损坏和辐射等级超过要求的情况。这一切都假设不需要得到精确的波形结果。这种方法适用于单个或重复波形的情况。

两种最具破坏性的脉冲是闪电和ESD(静电放电)。开关闭合或者触点打开的电弧也可以认为是一个脉冲。描述类似脉冲的频率还是$1/\pi\tau_r$，这里$\tau_r$是上升时间。

后面我们将讨论电磁场能量如何进入电路的，以及如何和电路耦合的。因为这里替代干扰源的是一个近似的正弦波，设计中明智的做法是根据危急程度提供3～5个额外的安全因子。

## 6.5 元件辐射

电路理论的假设是，由元件存储的场能量位于元件中。在电路分析中，还进一步假设元件中存储的能量是返回电路中的。在第3章中，我们讨论了传输线的能量供应。如果一条传输线是没有终端接头的，那么这些能量就储存在分布式电容中。这些能量不能返回到能量源，最终被辐射或变成热。简单的解释是，我们处理的是具有几何形状的导体，而不是理想化的电路元件。这里不使用电路理论的简化规则。

从依附性的角度来说，任何导体的几何结构都是一个电路。在这种几何结构中移动能量需要移动场，并且这些场通常不是完全受限的。场所走的路径总是将存储的势能分散开。如果导体几何形状允许，一些能量将会辐射出来。在处理正弦波电压的电路中，辐射可以通过能量返回电路所需的时间来近似。这种延迟是由于光速造成的。表示E场的正弦电压可分为延迟分量和非延迟分量。在时间上延迟90电角度的能量分量不能再进入电路并被辐射。如果涉及方波，则没有必要使用相移来确定辐射分量。方波电压由一系列奇次谐波电压组成，每个谐波可以被认为是一个单独的辐射体。辐射波形可以由这些谐波构成，现在还不清楚辐射模式。

---

**注意** 工程师测量的是电压，而不是能量。大自然传送能量并不需要进行数学计算。我们常常不得不退一步考虑测量意味着什么。

---

## 6.6 偶极子天线

一个长导体(天线)周围的场方向图可以近似为导体的每一分段的场方向图之和。假设一个正弦电流引入到天线的基部。每一分段上的电流幅值取决于它沿着天线的位置。在天线的顶部电流是零,基部电流是最大电流。将沿着天线长度的电流分布看作是正弦波的一部分。相对于地,驱动其基部天线的称为半偶极子天线,构造如图 6.7 所示。

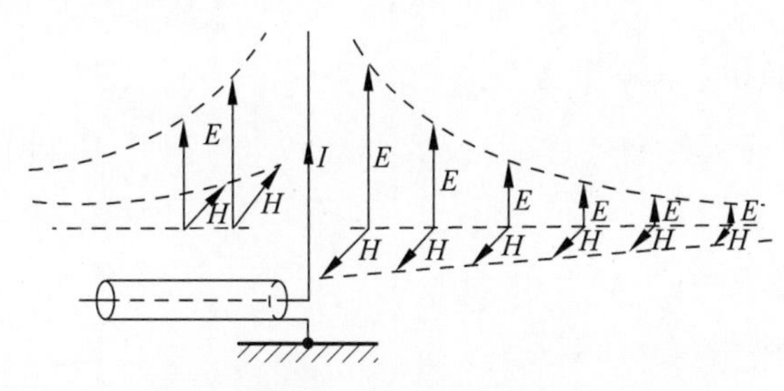


图 6.7 半偶极子天线

偶极子周围的电场和磁场是其驱动的正弦电压、方向角度、到天线的距离 $r$ 和波长的函数。波长 $\lambda$ 是波传播一个周期的距离。例如,在 1MHz 时,波长是 300m。垂直于天线的电场强度可以用式(6.2)近似

$$E = k_1(\lambda/2\pi r)^3 + k_2(\lambda/2\pi r)^2 + k_3(\lambda/2\pi r) \tag{6.2}$$

其中,$r$ 是到天线的距离,$\lambda$ 是波长。

磁场强度可以近似为

$$H = k_4(\lambda/2\pi r)^2 + k_5(\lambda/2\pi r) \tag{6.3}$$

如果天线长度是波长的 1/4,场 $E$ 的峰值在天线附近,是 $4V/\lambda$(V/m),这里 $\lambda$ 是波长。

## 6.7 波阻抗

利用式(6.2)和式(6.3),$E/H$ 的比值在远点简化为 $k_3/k_5$。因为场 $E$ 的单位为 V/m,场 $H$ 的单位为 A/m,这个比值的单位是 Ω。比值 $k_3/k_5$ 为 377Ω。这不意味

着可以用 Ω/m 测量空间特性。因为 $E$ 和 $H$ 可以通过任意距离 $d$ 测量，这两个场是互相垂直的，正确的说法是 $E/H$ 等于 377Ω/sq。

当距离 $r>\lambda/2\pi$，$E/H$ 比值等于 377Ω。在较短的距离，比值 $E/H$ 与 $1/r$ 正比增加。例如，如果频率是 1MHz，那么 $\lambda/2\pi$ 就是 47.7m。当距离为一半或者 23.8m 的时候，波阻抗是 754Ω。$\lambda/2\pi$ 称为近场/远场分界距离。简单来说，这个阻抗意味着场 $E$ 主导着附近的辐射源。当我们在考虑防止电磁场能量穿透屏蔽时，这个距离是很重要的。

坡印廷矢量在距离辐射源 $r$ 处的球面的积分值必须产生同样的总功率。在近场/远场分界距离一半时，场 $E$ 增加 $2\sqrt{2}$ 倍，场 $H$ 增加 $2\sqrt{2}$ 倍。$E/H$ 的比值是 2 倍，穿过周围球体的功率是个常数。

从电流环产生的辐射和式(6.2)及式(6.3)一样，但是 $E$ 和 $H$ 的角色被替换。公式是

$$H=g_1(\lambda/2\pi r)^3+g_2(\lambda/2\pi r)^2+g_3(\lambda/2\pi r) \tag{6.4}$$

和

$$E=g_4(\lambda/2\pi r)^2+g_5(\lambda/2\pi r) \tag{6.5}$$

对于较大的距离 $r$，$E/H$ 的比值再次为常数，等于 377Ω。近场/远场分界距离发生在 $r=\lambda/2\pi$ 处。当 $r$ 的值小于这个值时，波阻抗变得更小。当 $r$ 等于 $\lambda/2\pi$ 的一半距离时，波阻抗为 188Ω。在一半距离处，场 $E$ 增加 $2\sqrt{2}$ 倍，场 $H$ 增加 $2\sqrt{2}$ 倍。辐射源附近的波阻抗减小是因为阻止穿透场能量的屏蔽较难实现。电流环附近的场，起主导作用的 $H$ 场称为感应场。在电源频率变化时，被电流主导的场是一个感应场。在频率为 60Hz 时，近场/远场分界距离大约为 500mile。在距离几英尺时，波阻抗的计算值为几微欧姆。这个数字没有什么特别意义，但是清楚地显示出屏蔽这个类型的场是非常困难的。

## 6.8 场强和天线增益

如果发射器在所有的方向平均传输功率，功率穿过距离辐射源 $r$ 处的球面上的值为

$$P = E \cdot HA \tag{6.6}$$

因为 $E/H$ 的比值等于 377Ω，$E$ 可以写为

$$E = (30P)^{1/2}/r \tag{6.7}$$

这里 $P$ 的单位为 W，$E$ 的单位为 V/m，$r$ 的单位为 m。例如，在距离 1MW 的发射机 1km 处的电场强度为 5.47V/s。

在大多数的应用中，场能量直接面对一些目标。在雷达中，光束由抛物面指向外部，光束的角度只有几度。在电视和广播中，能量直接对向居住区，而不是指向天空。很明显，这个方向性减小了提供给目标的场强的总能量需求。在雷达中，如果光束只有 1°的方位角，在目标上产生场强 $E$ 所需的能量减少为原来的 1/360。在上面例子中，所需功率将为 2.7kW。360°与径向方位角的比值称为天线增益。在目标上的场强等于 1MW 发射机在所有方向均匀传播所产生的场强。

天线增益：期望的辐射功率与实际辐射功率的比值。在上例中，天线增益为 360。

有效辐射功率：这个功率水平将提供一个穿过 360°方位角所需要的场强度。

在涉及磁化率问题上，目标场的峰值场强才是最重要的。在雷达信号中，脉冲占空比可能为 1%。这使得在实际中可以利用千瓦特的平均功率产生和吉瓦特的发射器产生一样的场强。磁化率问题关联的场强度等效于一个吉瓦特发射机所产生的效果。

表 6.1 给出了一组发射机的有效辐射功率。

**表 6.1 公共辐射器**

| 应　用 | 频率范围 | 有效辐射功率 |
|---|---|---|
| VLF 导航 | 10kHz～300kHz | 300kW |
| AM 广播 | 0.5MHz～1.5MHz | 50kW |
| 固定 HF | 3MHz～30MHz | 10kW |
| 业余电台 | 3MHz～30MHz | 750W |
| 路上公用移动通信网 | 3MHz～30MHz | 100W |
| VHF 电视(低) | 50MHz～80MHz | 200kW |
| FM 广播 | 80MHz～120MHz | 100kW |
| VHF 电视(高) | 150MHz～250MHz | 250kW |

续表

| 应　用 | 频率范围 | 有效辐射功率 |
|---|---|---|
| UHF电视 | 400MHz～900MHz | 5MW |
| 雷达军用 | 0.2GHz～100GHz | 10GW |
| 雷达-ATC | | 1GW |
| 雷达-海港 | | 100MW |

## 6.9 环路产生的辐射

在本书中，我们经常对无意形成的辐射器感兴趣。这些辐射器是电路中传输信号和电源的导体环路。例如，当一个逻辑电平变化发送一个信号到附近的门，电流在由电压源、逻辑走线和地平面形成的环路中流动。如果能量来源于解耦电容器，由解耦电容器、地平面和电源走线形成电流环。第二个环路涉及驱动晶体管和关联的直流到直流的转换变压器。第三个环路涉及晶闸管和电机之间的连接。

传输正弦电流的环路所形成的电场形状取决于许多因素，包括附近导体的反射、环形中心的角度。基于最坏情况分析，我们考虑在距离辐射环 $r$ 的地方有最大电场强度 $E$，如图 6.8 所示。场强正比于环路面积、电流大小和频率的平方。当测量场

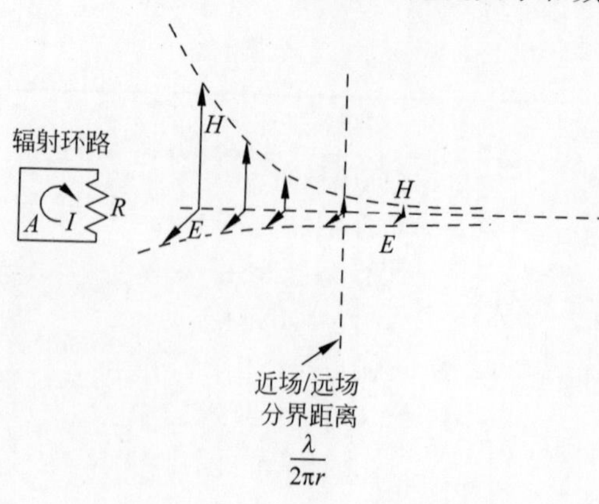


图 6.8　从导电环路形成的辐射场

超过近场/远场分界距离时，场强随着距离线性下降。当频率为 100MHz 时，近场/远场分界距离为 0.47m。场强 $E$ 超过分界距离时的公式为

$$E = 6 \times 10^{-3}(IAf^2/r) \tag{6.8}$$

这里 $E$ 的单位为 dBμV/m；$I$ 为电流，单位为 mA；$A$ 是环路面积，单位为 $cm^2$；$f$ 是频率，单位为 MHz；$r$ 是距离环路的距离，单位为 m。如果距离是 1m，环路面积是 $1cm^2$，正弦电流是 100mA，频率是 100MHz，辐射近似为 60dBμV/m。我们描述的环路可能是长方形、正方形或者圆形。

---

**注意** 知道了波阻抗，从磁场强度可以计算出电场强度。

---

如果环路尺寸超过半波长，那么可能有场的抵消。基于最坏情况分析，任何环路允许的最大尺寸为半波长。这个限制不允许有任何场的抵消。

## 6.10 *E* 场耦合到环路

当一个辐射场关联到电路环路，环路中产生一个感应电压。为了便于分析，这个电压源可以插入在任何一个环路导体中。如果电压与信号引线串联，那么干扰被放大为正模信号。如果干扰涉及共享几个信号导体的返回导体，耦合可能是共模。

当场传播的方向与电缆平行时，会发生最大的耦合。在这种排列中，干扰信号场 $H$ 的磁通以直角方式穿过环路。将场 $H$ 转换成场 $B$，从而可以用来计算感应电压。从式(2.5)可以得到变化的磁通量产生的电压。

场 $E$ 也可以用来计算环路上的感应电压。因为不涉及单位转换，场 $E$ 的计算比较简单。在某一时刻，场 $E$ 在电缆末端具有不同的强度。当电缆长度是一半波长时，差别最大。电缆末端的电压是场 $E$ 乘以电缆间距 $d$。最大耦合感应电压是 2 倍的场 $E$ 的峰值乘以 $d$。如果半波长大于电缆长度，耦合与波长的比例成正比。图 6.9 给出了这个耦合。

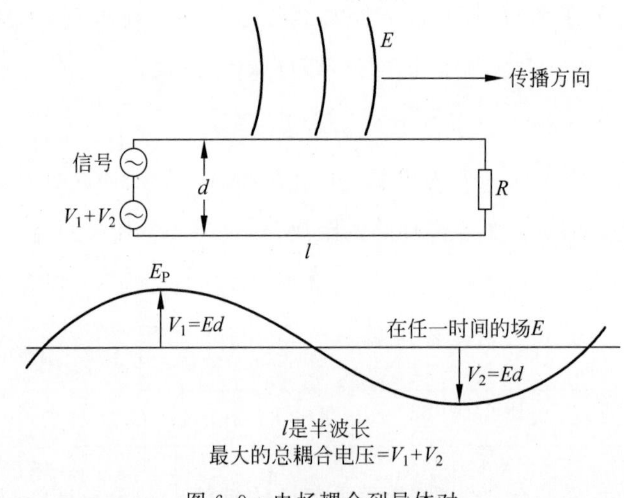


图 6.9 电场耦合到导体对

## 6.11 印制电路板的辐射

在印制电路板设计和制造中使用的技术不断改善了辐射问题。过去，元件引线是个问题。今天大多数的设计都采用在表面贴装的元件，所以元件引线不再是一个问题。有更多的接地层和电源层，这也减少了内部辐射。集成电路已进入了球栅阵列封装时代。大量的引脚使得控制集成电路(IC)附近的传输线场变得更加困难，这也增加了辐射问题，使电路板设计者的出错余地更小。更多的通孔被用于设计，但是它们的使用也产生了如何在层之间进行逻辑转换的新问题。所犯的错误是提供当前路径并忽略场所采用的路径，它必须是另一种方式。当场没有提供受控特征阻抗路径时，辐射将增加。

设计者们经常假设地面是屏蔽层。除非一个导电表面包围一个辐射源(没有孔)，否则在逻辑引线、电源引线和接地引线之间的空间中，电场将进出 IC。仅仅增加导电表面通常是无效的。

当波阵面处于跃迁状态时，会产生来自走线的辐射。对于陡峭的波阵面，可以认为辐射体是运动的半偶极子。

集成电路制造商最终必须决定是否会在其产品内部提供能量解耦，到目前为止，还没有采取行动。

## 6.12 嗅探器和天线

嗅探器是一个实用的用来测量孔或导体附近的磁场的工具，采用一段同轴电缆制成，如图6.10(a)所示。中心导体连接到外部导体形成一个屏蔽环。感应电压正比于环路面积 $A$ 和磁通变化率。

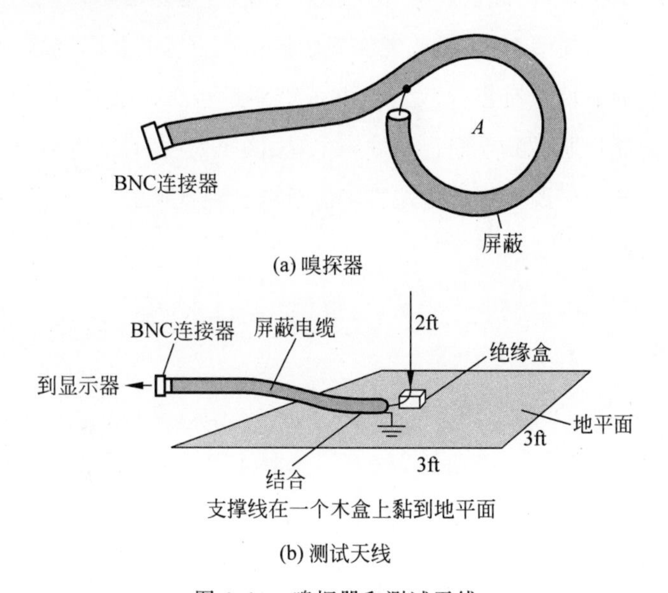


(a) 嗅探器

(b) 测试天线

图6.10 嗅探器和测试天线

如果知道频率，场 $H$ 可以根据感应电压计算出来。嗅探器的目的不是作为一个校准的工具，而只是一个定位辐射源的简单方法。

另一个可以制造的简单工具是小天线，也可以用来定位辐射源。这个结构如图6.10(b)所示。注意到测量的电压与半波长和天线的半波长的比值成正比，可以计算出场 $E$。可以测量到最大电压值为1/4波长的场 $E$ 乘以天线的长度。可以制造出更小的测试天线用于更高的频率。

---

**注意** 测量之前必须考虑区域周围的场。

---

## 6.13 微波炉

微波炉这个厨房用具是一个很好的电磁屏蔽的例子。用于烹饪的空间可以通过一扇玻璃窗看到，并且可以通过一扇带锁的门打开。窗户上的金属网是用来屏蔽辐射的，网孔直径约为 6mile。窗框与周边的门框结合在一起。这些开口形成一组相关孔径（见第 7.11 节）。甚至炉内灯光也会被屏蔽，这样辐射就不会从炉内隔间泄漏到房间。门在压力垫圈上关闭，或者在周围提供一个宽的金属接缝。

产生电磁场的磁控管有点像汽笛。电子束通过包含磁场的真空腔中的开口通过。振荡场中的能量通过波导耦合到炉箱中，振荡频率约为 2.45GHz。在该频率下的波长为 12.23cm。该波长能有效地将场能量耦合到食物的水分子中。

# 第7章 辐射屏蔽

**本章导读**

电缆屏蔽层通常由铝箔或镀锡铜丝编织制成。同轴电缆具有光滑的内表面，允许电流循环，并提供特性阻抗控制。传输阻抗是衡量屏蔽效能的一个指标。本章讨论了多屏蔽、低噪声电缆和导管的优缺点，磁场对外壳壁的穿透，包括独立孔和依赖孔、导电表面的波穿透和波导；介绍了垫圈和带后罩连接器的使用；讨论了在硬件接口上处理公用电源、线路滤波器和信号线；提供了一种限制场穿透屏蔽室的方法。

## 7.1 带屏蔽的电缆

连接器件间的导体常常组合在一起，称为电缆。在模拟电路中，铝箔经常用作电缆的屏蔽层。铝箔具有折叠缝，长度和电缆一样。铝箔内部进行阳极氧化以提供防腐蚀保护。因为很难在电缆的末端对铝箔进行端接，电缆内部提供了引导导线。这个引导导线是由多股锡铜丝组成，使它们沿着电缆的长度和铝箔接触在一起。如果断开铝箔，引导导线会连接这个分段。

一组导线外面包围铝箔提供了低频时的静电屏蔽。在模拟电路工作时，屏蔽应该连接到参考导体的一端，优先是连接到地。如果引导导线连接到其中的一端，这个情况是满足要求的。如果引导导线连接到硬件的两端，会产生明显的干扰。这个区域的电磁场会在形成的环路上产生电流。因为引导导线离信号导体簇很近，这个电流会对电缆里面的传输信号产生耦合干扰。在无噪声环境中，或者如果电缆很短，这可能不是一个问题。

铝箔的折叠缝不允许电流在电缆周围自由流动。同时，铝箔也不是稳定的几何体。由于这些原因，铝箔屏蔽层不应该用在需要控制电缆特性阻抗的地方。正如后面将会看到，硬件接口的端接屏蔽是至关重要的。电缆端部采用引导导线允许场能量穿透连接器的硬件。

"同轴"电缆是指电缆的特性阻抗是可控的。中心导体被可控制的屏蔽体所包围称为同轴。对于从直流到频率大约为 1MHz 的应用，电缆的特性阻抗可能不重要。超过这个频率，同轴电缆是首选。有关高频信号损耗的说明书由制造商提供。

传输线的特性阻抗是导体和介电常数的函数。为了传输无反射的射频功率，源阻抗和终端阻抗必须与线路阻抗匹配。为了传输高功率，特性阻抗应该较低。一般来说，高功率要求具有较高的电压。不幸的是，增加导体间距以适应更高电压和增加特性阻抗的方向一致。在许多应用中，功率等级所传递的隐含信息就是合理的电压等级。很明显，从发射机到天线的电缆应该合理地选择以传输功率。

用来传输视频信号的同轴电缆必须能够长距离传输。因为分布式反射，在电缆中采用介质材料是不合适的。有线电视公司使用的同轴电缆具有非常光滑的内表面以避免表面反射。中心导体的周围由尼龙带缠绕。中心导体是刚性的，不容易弯曲或扭结。

同轴电缆的特性阻抗取决于导体直径的比值，如图 7.1 所示。图中假设空气是电介质。如果有电介质存在，单位长度的电容正比于相对介电常数。因为特性阻抗等于$(LC)^{1/2}$，这个阻抗取决于相对介电常数的开方根的倒数。

图 7.2 给出了开路平行导体的阻抗特性。随着距离的增加，特性阻抗增加。假设两个平行导体的间距是 60mm，特性阻抗是 50Ω。一个导体距离地平面间距为 30mm 时，可简单认为特性阻抗值是一半或者是 25Ω。注意，在地平面上的场形状和两个导体之间一半场形状是一样的。

地平面上方的电路走线的阻抗特性可以基于公式 $Z=\sqrt{L/C}$ 计算。在逻辑电路结构中，源和终端阻抗是非线性的，间距和走线的宽度变化范围高达 15%。走线的长度与波长相比很小。在地平面上的典型的走线特性阻抗大约是 50Ω。如果逻辑电平是 3V，在第一个反射之前的初始电流可以认为大约为 30mA。

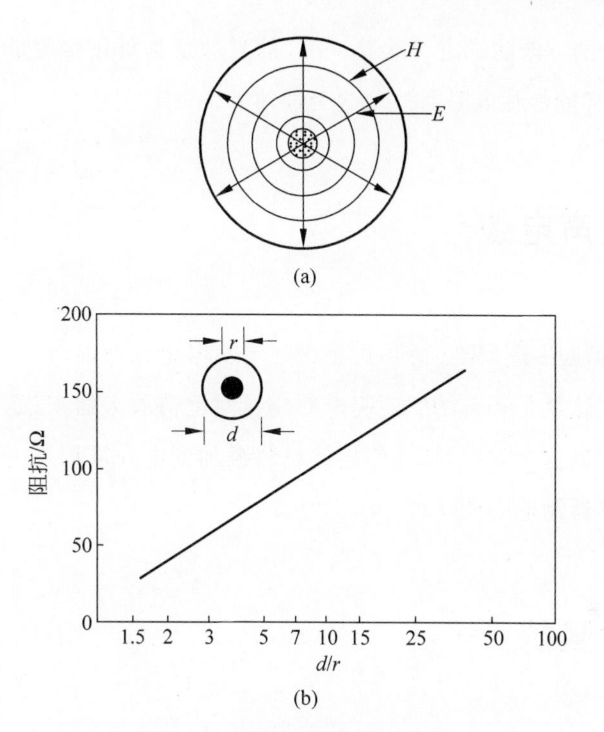


图 7.1 同轴几何体的特性阻抗

| L/I | Z/Ω | H/h | Z/Ω |
|---|---|---|---|
| 1.1 | 53 | 0.6 | 37 |
| 1.5 | 115 | 1.0 | 79 |
| 2.0 | 158 | 2.0 | 124 |
| 2.5 | 188 | 2.5 | 138 |
| 3.0 | 212 | 3.0 | 149 |
| 4.0 | 248 | 4.0 | 166 |
| 5.0 | 275 | 5.0 | 180 |
| 10.0 | 359 | 10.0 | 221 |
| 30.0 | 491 | 30.0 | 287 |
| 100.0 | 636 | 100.0 | 359 |

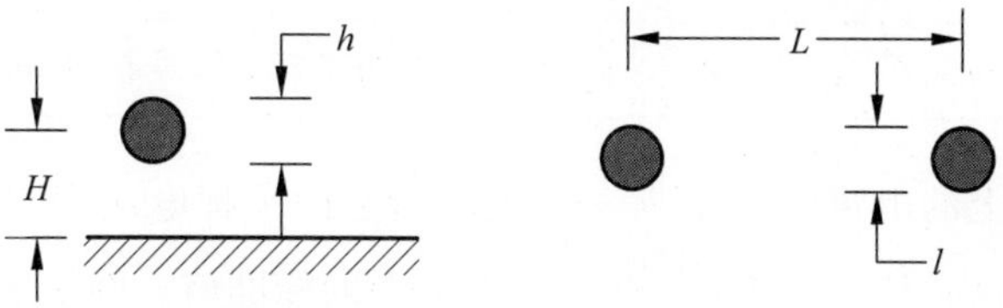

图 7.2 开路平行导体的特性阻抗

在模拟电路中，通常的做法是信号电缆不用端接。如果预期带宽超过几千赫兹，明智的做法是检查电缆的频率响应。如果没有端接，可以达到幅度响应的峰值。串联的 $RC$ 端接可以形成频率-幅度的响应。最简单的确定 $R$ 和 $C$ 值的方法是用频率大约是 3kHz 的方波测试这个线路。6%的过冲量是可以接受的。电容器应该设定为最小值，这样能够让电阻器控制这个过冲量。

## 7.2 低噪声电缆

低噪声电缆应用于压电传感器设备中。当信号电缆弯曲时，导体与电介质表面摩擦产生电荷。这就是著名的摩擦起电效应。对电荷放大器来说，这些移动的电荷是噪声。为了限制这个效应，特殊的导体材料添加到电介质周围。这些低噪声电缆可以从压电传感器制造商处获得。

## 7.3 传输阻抗

电缆经常耦合外部电磁场能量。正如前面说的，电流沿着这条路径流动因为相关的场储存更小的能量。耦合能量沿着电缆屏蔽层和其周围的平行导体之间流动。如果一些表面电流能够找到方法进入屏蔽层内表面，在电缆内表面将会有一个场。有场就有电压。这个机理称为传输阻抗。通过屏蔽进入电缆的耦合场的能量在电缆内部沿着两个方向移动。如果电缆在两端端接，那么每个端部消耗一半的耦合能量。

**注意** 如果在同轴电缆屏蔽的内表面有干扰电流流动，在同轴电缆内部存在一个场。

如果屏蔽层上的电流为 $I$，在每一终端所引起的干扰电压为 $V$，比率 $2V/I$ 可以说就是电缆的传输阻抗。这个值为 1m 长的电缆的标准值。图 7.3 给出了同轴电缆的传输阻抗测试。

在低频时，电缆屏蔽层中的电流利用了整个截面积。电压降 $IR$ 在屏蔽层中产生一个内部场。对于实心导体，当电流频率超过 10kHz 时，电流倾向于分布在外表面，因此几乎没有内部场。对于丝线编织的电缆，频率超过几兆赫兹时，随着频率的增加，

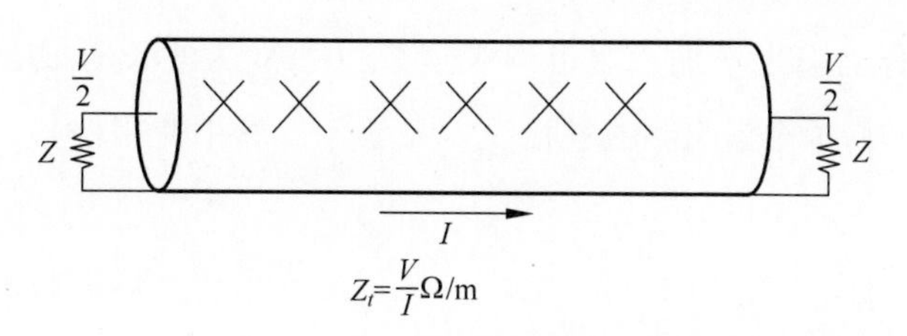


图 7.3　同轴电缆的传输阻抗测试

电流能够进入内表面。传输阻抗的变化同时与多股丝线的紧密程度和纹理细密度有关。

丝线的波动增加了正向路径的电感。每一股导体上的流动电流相互接触。通向外表面的导体与通向内表面的导体相互接触。因此，一些外表面电流传输到内表面。如果有两个绝缘的丝线，那么耦合的能量减少。有个场传输到两个丝线间的空间。这个场通过二次传输到达电缆中心。通过利用实心导体的屏蔽可以得到最低的传输阻抗。如果屏蔽层是波纹状可以增加其机械柔性。

传输阻抗的单位是 $dB\Omega\cdot m^{-1}$。数字 0dB 代表了每米传输阻抗为 1Ω，20dB 代表了每米传输阻抗为 10Ω。几种标准电缆的传输阻抗如图 7.4 所示。一些丝线编织电缆的传输阻抗很高，在频率超过 100MHz 时，屏蔽是无效的。可以看出，随着电缆

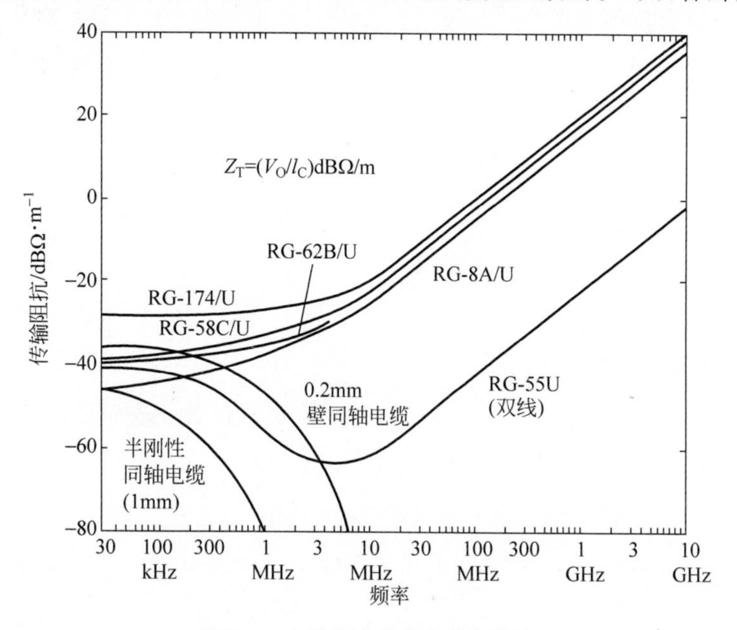


图 7.4　几种标准电缆的传输阻抗

长度的增加，耦合也随之增加。当电缆长度超过一半的波长时，耦合将趋于消失。在最坏情况分析时，这个消失不能被接受。在任何计算中使用的最大电缆长度应该是波长的一半。

在电缆运行时间短的应用场合，电缆类型可能不重要。后面将看到在连接处对电缆的处理比电缆类型选择更关键。

## 7.4 波导

电磁场能够以任何频率在自由空间传播。当频率低于1MHz时，用来向空间传输能量的天线变得很大。当有两个导体时，频率从0到100MHz的范围内变化，场能量很容易从一点移动到另一点。波导是传输频率超过几百兆赫兹能量的最优手段。

波导是个中空的圆柱导体。假设场能量所在地方的半波长是波导开口的直径大小。这个波在波导内表面建立反射场模式，使得波沿着波导向下传播。在更高频率时，波导可以支持各种场模式的能量流。随着频率增加，允许模式的数量也增加，直到没有模式的限制。波导传播不需要中心导体。如果中间有导体，波导变成了一个同轴电缆。

一个电磁波的半波长大于波导的开口大小，电磁波在波导上衰减。在这种情况下，波导运行在超越截止模式。进入波导的衰减波通过下式得到

$$A_{wg} = 30\frac{h}{d} \tag{7.1}$$

这里衰减因子 $A_{wg}$ 的单位是dB。

如果 $h/d$ 是3，衰减因子为90dB。一个超越截止模式的波导提供了重要的衰减因子。我们将会利用波导衰减讨论外壳屏蔽的方法。

一个FM（调频）广播电台工作频率约为100MHz。半波长约为1.5m。来自FM电台的波能量可以很容易地传播到隧道和地下停车场等建筑。一个AM（调幅）广播电台的频率大约是1MHz。在这个频率，半波长的长度是150m，电台的波能量不能

传播到这些建筑。如果绝缘导体加在隧道的顶部，就变成同轴电缆的一部分。这一根导体将允许场从 AM 电台进入隧道。这一增加的导体也允许了信号从封闭结构中辐射出去。

## 7.5 地平面上方的电磁场

场能量沿着一个无限导体表面传播的图形涉及平面波。理想情况下，如果导体电阻为零，流过的表面电流不会损失能量。唯一的限制是场 $E$ 必须与表面垂直。场 $H$ 必须沿着导体平面的方向，这就需要一个表面电流。任何水平电场 $E$ 分量将需要无限的表面电流。

如果电磁波垂直到达一个良好导电表面，波只是简单地反射。在导体表面场 $E$ 的反向类似于短传输线末端的反射。反射波抵消表面的电压，但电流保持不变。对于在一个良导体表面反射的平面波，必须有流动电流支持表面的场 $H$。

对于厚度超过几毫米的导电金属表面，平面波被反射，基本上不能穿透这个表面。平面波能量通常通过孔或者缝隙进入外壳，而不是通过外壳壁进入。

**注意** 对于几毫米厚的导体表面，几乎没有平面波可以穿过这个导体进行传播。

## 7.6 场和导体

电流在导体中流动因为在导体中有一个电场。电子通过电场加速，但是当它们与导体中的原子发生碰撞时将失去能量。因此，电子达到一个平均速度，我们解释为电流。假设一个#19 铜导体每 1000ft 具有 8Ω 的电阻。铜导体为 1m 长时，电阻为 26.2mΩ。为了支持 1A 的电流，电压降为 26.2mV。电场强度 $E$ 为 26.2mV/m。一个 10V 电路，距离为 1cm 时在导体间的场 $E$ 为 1000V/m。场 $E$ 的切向分量与场

$E$ 的垂直分量的比例约为 38000∶1。基于这个观点，大部分电路都不用考虑这个场 $E$ 的切向分量。

考虑一个大的导电平面，电流分别在两个点进和出。接触点的电流密度取决于连接的面积和深度。因为电流集中在接触点，Ω/sq（每平方面积的欧姆值）的单位不再适用。

高频时，在接触点的周围会存在一个显著的电磁场。当接触点垂直于平面时，场将会变得很大。这个接触点的场主要是场 $H$ 起作用，因此表现为一个串联电感。

## 7.7 导电外壳

本节将讨论电磁场能量如何进入和离开导电外壳。这个能量通过连接电缆、缝隙和导电外壳自身来耦合。在感应场附近，一个导电外壳可能不会有屏蔽效果，场可以直接穿透。

前面讨论了在电路输入端滤波以限制干扰耦合。在一些模拟电路中，辐射的影响是很微小的。频带外场能够引起环路增益损失和增加偏移。如果本地滤波是有效的，那么不需要外壳屏蔽。本章讨论了耦合机制而不讨论其应用。

进入外壳的辐射将耦合到内部电路。在讨论外壳屏蔽之前，一个实例可以帮助我们打好基础。

**实例**

把一个小型的电池供电的 FM 收音机放在带盖的金属筒，将听到收音机接收到的信号。现在把盖子盖上。把耳朵接近盖子，收听信号。这个收音机将停止放音。现在把一段绝缘导线深入筒中，几英尺的导线悬挂在筒外。收音机重新接收到信号。

---

**注意** 只需要一个未滤波的导体就可以破坏外壳屏蔽。

---

道理如此简单。不要试图屏蔽一个外壳，除非你打算阻挡所有穿透场的点。

---

**注意** 船上的许多孔只要有一个未堵住，船就会沉没。

---

## 7.8 感应场穿过外壳壁的耦合

考虑一个铜或铝的外壳，对于电源相关的感应场(60Hz 及其谐波)，几乎没有反射损耗，进入的场没有衰减。当外壳是由具有高磁导率的金属材料制成的，将会有衰减。最好的磁性材料是坡莫合金。这个高磁导率的磁性合金是通过在惰性气体的磁场中高温退火而得到。坡莫合金部件的物理尺寸是由磁体在炉中的场所限制。当部件退火后不能冲压、钻孔或者弯曲，否则磁导率会减少。坡莫合金外壳用来给CRT 显示器做外壳以衰减电源相关的感应电场。当这些场耦合到电子束，产生的耦合图形显示在屏幕上。等离子体显示器并不需要这个屏蔽。利用钢铁和铜层可以实现感应电场的屏蔽。例如，信号变压器可以安装在嵌套的铜罐和铁罐中。

一些磁性材料的磁导率可以达到 100 000H/m。这个磁导率的测量是在材料的最大磁通密度时进行的。对于同样的材料，在 100G 时磁导率可能下降到 1000H/m。在毫高斯水平时磁导率可能低至 2 或 3。低磁导率说明了屏蔽低强度电源频率感应场是非常困难。

磁性材料可以改变磁场的形状。在一些情形下，这个重塑的磁场可以减小某些关键区域的磁场耦合。磁场转移的一个例子如图 7.5 所示。不要期望利用这种方式产生明显的衰减因子。

如果电缆外套有一层磁性材料，外部磁场能够转移，因此磁通量不能够穿过两个信号导体之间的区域。衰减因子通常低于 20dB，这取决于场强和磁性材料的磁导率。信号对的双绞方式也可以用来减小正模耦合。一个半扭的耦合抵消了下半扭场的耦合。很明显，双绞线不能用在同轴电缆上。

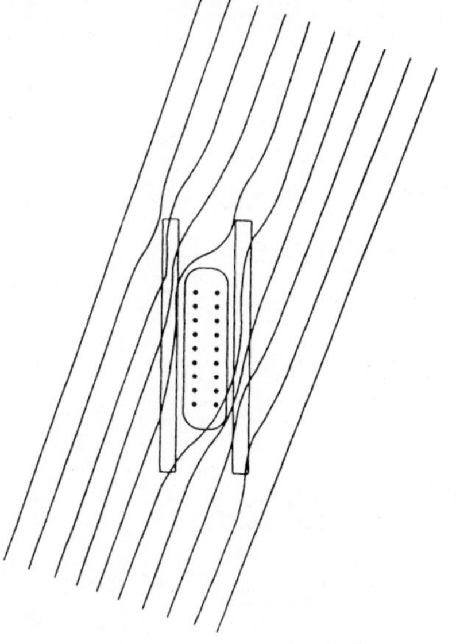

图 7.5 磁场的转移

## 7.9 在导体表面的场能量的反射和吸收

当一个电磁场入射在一个导体表面，两种机理发生。一部分到达的能量被反射；另一部分没有反射的能量进入导体，通过趋肤效应衰减。对于厚度超过几毫米的导体，这个场能量被简单地转化为热量。对于较薄的导体层，一些能量穿透了导电屏障。

反射损耗可以用式(7.2)近似计算

$$R_{dB}=20\log\left(\frac{Z_w}{4Z_B}\right) \tag{7.2}$$

这里，$Z_w$ 是波阻抗，$Z_B$ 是屏障阻抗。注意，对于附近感应场，$Z_w$ 非常低，基本上没有反射。反射损耗不可能变为负的，如果这样意味着反射场大于到达场。

穿过外壳壁进入外壳的波能量的特性可以用到达场 $E$ 或 $H$ 表示。如果反射损耗是 40dB，厚度为 2 个趋肤深度，到达场的总衰减为 57.4dB V/m。如果到达场 $E$ 为 40dB V/m，场 $E$ 在外壳内是 40～57.4dB V/m 或者 −17.4dB V/m。基于最坏情况分析，这个场强不是外壳容积、场方向或者极化的函数。用公式表示为

$$F_{INT}=F_{EXT}-R-8.68n \tag{7.3}$$

这里 $F_{INT}$ 是内部场，$F_{EXT}$ 是外部场，$R$ 是反射损耗，$n$ 是材料的趋肤深度数量。对于脉冲或者方波，趋肤深度的计算基于频率 $1/\pi\tau_r$，$\tau_r$ 是上升时间。

外壳内部产生的场能通过外壳壁辐射出去。如果辐射体具有低波阻抗，可能没有反射损耗。这种情况下，这个外壳不能有效地衰减场能量。式(7.2)可以用在波传播的两个方向。

## 7.10 独立孔

场能量可以通过任意外壳壁上的孔进入内部。外壳内的场形状取决于许多因素，包括内部硬件、孔的形状、场的极化和方向及外壳的大小。最坏情况分析时，假

设孔大于半波长的尺寸时，磁场强度是不衰减的。一个共识就是假设外壳内的波阻抗和到达的场一样。

当孔的尺寸大于半波长时，最好假设磁场强度没有衰减。当尺寸小于半波长时，磁场强度衰减可以假设为半波长与孔的比值。例如，如果半波长是20cm，孔径为2cm，衰减因子是20dB或者为10倍。

一个孔可能是个缝隙。尺寸可以为缝隙的长度。即使这个缝隙只能通过光线，仍然是个孔。这个假设与表面电流有关。如果缝隙中断了表面电流的流动，其作用类似孔。密封一个缝隙需要使用导电垫圈。

多个孔允许表面电流在每一个孔周围自由流动，使得磁场在多个点进入。外壳内的磁场强度假设为每个独立穿透场的总和。如果外场的磁场强度是10V/m，其中一个孔使场衰减40dB，另一个孔使场衰减为46dB，两个磁场强度分别为0.1V/m和0.5V/m。这些磁场强度的和为0.15V/m。注意，磁场强度的测量是不能累加的。磁场强度的和为0.15V/m，而这个初始磁场强度是20dB V/m。衰减因子以分贝表示为36.5dB。

**独立孔的定义**：外壳上的开口允许外壳周围的表面电流自由流动。

---

**注意** 当多个独立孔允许场进入时，内部场不可能大于外部场。

---

## 7.11 依赖孔

排列的孔使得表面电流不能自由流动，这些孔称为依赖孔。例如一组通风孔，穿透一组依赖孔的辐射与穿过一个孔的辐射相同。

导线网格可以看作是一组依赖孔，因为电流不能在每个孔的周围自由流动。孔大小是一个开口尺寸的大小。有两个限制：①组成网格的导体在每个交叉口必须绑接在一起，例如，铝导体可能氧化，当这种情况发生时，孔径开口是不可控的；②网孔必须沿其整个圆周连接到一个导体表面，如果没有连接，入口的直径就变成了孔径。

假设一个导电外壳通过螺钉固定。两个螺钉之间的缝隙可以看作一个孔。因为表面电流不能在每个螺钉周围自由流动，这个孔看作是依赖孔。因为这个原因，缝隙表现为一个孔，螺钉之间的最大间距就是孔的大小。

如果要求磁场穿透能力增加 20dB，螺钉的数量将要求增加 10 倍。解决这个问题的可行方法是在螺钉上采用一个导电垫圈紧固。为了达到这个效果，其垫圈材料应该沿着缝隙连续连接。垫圈接触区域应该电镀，防止可能出现氧化。如果外壳是金属板做的，边缘应该弯曲形成凸缘。这个凸缘可以作为一个开放的波导。如果凸缘使得许多宽面接触，孔开口很小但是很深。这个类型的孔被看作是超出截止范围的波导。即使这些开口是独立的，衰减也是很明显的。

如果板是由具有导电面的成型塑料制成，那么凸缘应该是设计的一部分。这些凸缘应该利用螺钉或垫圈形成波导超越截止。如果通风孔是电镀的，在深度上进行延伸，那么波导衰减可以形成。

## 7.12 蜂窝

蜂窝结构通常用作区域通风和提供场衰减。蜂窝是由多个导电的六边形体连接（流体焊接）在一起。假设在频率为 100MHz 时入射场的 $E$ 为 20V/m。这个频率的半波长为 1.5m。场在每一个孔处的衰减由孔径与半波长的比值决定。如果孔径是 1.5cm，每一个孔处的磁场强度为 0.2V/m 或者 −14dB V/m。

波沿每个蜂窝单元向下传播。如果每个单元长为 4.5cm，利用式（7.1）得到每个单元的衰减是 90dB。因此从每个单元进入外壳中的磁场强度为 −104dBV/m。蜂窝中每个单元是独立孔，因为在每个单元内部电流可以自由流动。穿透外壳的场是每一个单元场的总和。如果有 20 个单元，内部磁场强度增加 26dB，达到 −74dBV/m。从单位分贝进行换算，内部磁场强度为 0.0002V/m。

---

**注意** 如果蜂窝周边没有正确连接到安装面上，波能量可以通过由此产生的任何孔进入。如上面的例子，一个 1.5cm 的开口将使得内部磁场强度增加到 0.2V/m。蜂窝将不再有效。

---

大部分的蜂窝滤波器提供了安装的硬件和垫圈。安装表面应该电镀以避免氧化。这个表面不能被油漆或者氧化。如果蜂窝拆下清洗,垫圈可能需要更新。

## 7.13 穿透场总结

场可以通过孔进入外壳,也可以直接通过表层或者导体进入。这些导体可能用来作为输入、输出、屏蔽、控制或电源。这些导体同样也能把场带到外壳的外面。

**注意** 进入导体外壳上的能量是双向流动的。

进入外壳的导体,其上的电压为 $V$,则会产生一个电场,场 $E$ 是由导体间距决定。传输能量的导体能够从其他硬件或者环境中引导场能量进入这个硬件。同样这些导体也传输场能量到其他的硬件。因此,我们要特别重视每一个进入或者离开外壳的导体。如果导体带电流,可以用磁场强度 $H$ 和法拉第定律确定其与附近环路的耦合。如果场 $E$ 确定,可以用耦合电容来计算耦合。

至此,我们已经考虑了从干扰源产生的穿透表面的场或者通过孔的场。最坏情况分析时,这些场只是简单地叠加在一起。如果场通过导体进入,它们也必须包括在内。如果场具有不同的频谱,它们必须作为一个完全独立的问题对待。从不同源产生的场可以利用它们的有效值(均方根值)加一块。总场强是所有场强平方求和的平方根。

## 7.14 电源滤波器

电源滤波器用来限制在两个硬件之间的干扰流动。电源滤波器包括串联接地的电感器和非接地的电源导体和并联电容器。电容器可以放在两个电源导体之间或者从电源导体到设备地之间。NEC 禁止滤波器元件与设备地串联,因为这样可能限制了故障电流的流动。设计者经常需要现成的滤波器元件安装在硬件上。通常的做法是制造滤波器元件，其中包括一个“闭合”开关、一个电源断路器、电源线连接器，甚至一个“闭合”指示灯。

电源滤波器说明书给出了电源线路上的电压衰减。这个衰减数据包括了共模和正模两种干扰。正模滤波衰减电源导体之间的电压，共模滤波衰减在电源导体和设备地之间的电压。

如果未滤波的电源导体直接进入外壳而连接到滤波器，这些导体直接辐射干扰硬件，滤波器被绕过。图7.6给出了安装滤波器的正确几何形状。

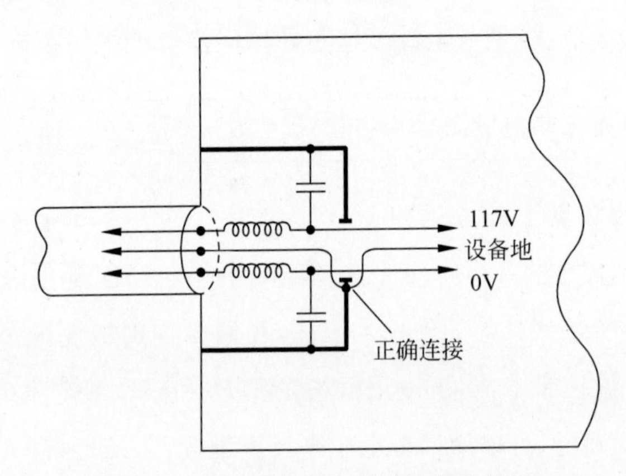


图7.6　电源导体和线路滤波器的位置

电源干扰信号可以被任何导体所传播，其中一个导体可以是设备地。这意味着未经过滤的设备地和电源导体必须远离外壳。这个安全导体应该端接到滤波器外壳之内，而不应进入硬件外壳。如果滤波器电流必须从滤波器外壳内部流向滤波器外壳外部才能连接到设备地，必定在滤波器外壳外部产生场，这违背了滤波器设计的目的。

从一些方面来说，要认识到高频电流不能穿过一片金属。因为趋肤效应，电流必须在导体表面找到一个路径。假设一个电容器端接在金属罐的内部。如果这个电流必须流向一个外部连接，它必须通过罐上的一个孔到达外表面。如果这个电流在这个罐的外表面流动，则形成一个外部场。这种情况是滤波器应该消除的。这个场的出现意味着放置了一个阻抗而且与电容器串联。换句话说，该滤波器被破坏了。

在滤波器设计中有许多需要考虑的因素。滤波器外壳内部产生的场禁止耦合到滤波器电路上。这可能需要进一步分区。所有电感器具有共振频率。当超过这个频率时，电感器像一个电容器。在这个频率范围内，滤波器像一个电容分压器。所有的并联电容器有一个串联电感，这也是限制滤波器性能的一个方面。

滤波器类型有许多，可以是L型、π型、T型或者是以上三种类型的混合。滤波器可以应用到一个或者两个电源导体。简单的L型滤波器的电感器直接连接电源。线到线的电容器在负载侧提供了低阻抗源以满足阶跃能量的需要。滤波器电源侧的电感限制线路上脉冲电流流动。当干扰来自于负载侧时，L型滤波器的方向应该反转。

电源滤波器的起始频率通常超过100kHz。这限制了滤波器元件的大小，满足这个频率的滤波可能会产生辐射。线路滤波器不是为了限制电源的谐波。具有这种功能的滤波器体积很大而且很昂贵。

---

**注意** 用来衰减宽频率范围信号的滤波器经常采用分段方式建立。这显然增加了成本。

---

如果滤波器使用塑料外壳或者利用弹性夹子夹在开口处，连接到硬件的设备地必须分离。如果设备地跳线进入到硬件外壳内部，应该保持短路以限制环路面积和辐射。安装滤波器时不推荐这个方法。

为了得到最好的性能，滤波器外封装应该连接到外壳。不应该在外壳上刷油漆或者进行表面氧化。为了避免氧化，这些表面要电镀。在一些应用中，可以利用导电的垫圈加在滤波器封装和外壳之间。

## 7.15 带后罩连接器

导体通过连接器进入外壳会带来干扰。这与电源线引入的干扰没有差别。连接器可与内部滤波器一起使用。由于可用空间的限制，连接器中的滤波器的性能受到限制。

如果电缆是屏蔽的，大部分的干扰电流在屏蔽的外表面传输。如果连接器上的屏蔽有任何开口，场能量将会通过连接器进入硬件。如果电缆的丝线分成束，形成单独的导体端接到安装螺钉上，干扰电流将会在这些导体的表面流动。这会使场耦合到电缆导体并进入外壳。理想的情况下，屏蔽电流应该在屏蔽的外表面，并以平稳的方式流向外壳的外表面。这就是带后罩连接器的目的。它通过 360°的方式在连接器处端接屏蔽。然后利用垫圈安装密封连接器可能有的孔。利用带后罩的屏蔽电缆的端接方法如图 7.7 所示。在噪声环境中，这是阻止场能量通过连接器进入外壳的唯一方法。

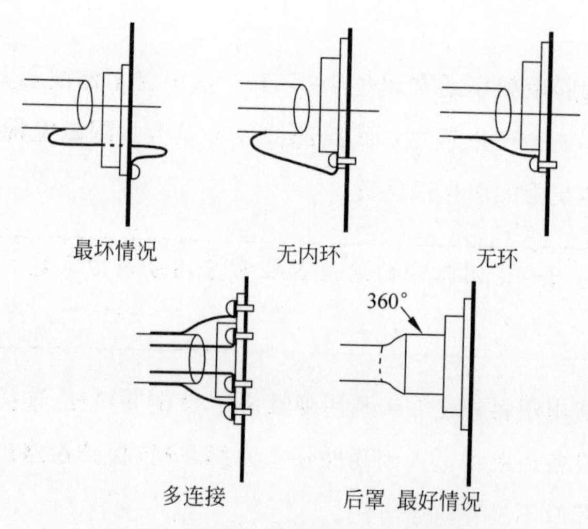


图 7.7 带后罩的屏蔽电缆的端接方法

---

**注意** BNC 和 TNC 连接器端接同轴屏蔽，因此电流在端接外壳面上均匀流动。

---

## 7.16 场 $H$ 耦合

进入外壳的场可以通过导电环路耦合到电路中。最大的导电环路经常是两个硬件之间的电缆。如果场 $E$ 确定，场 $H$ 可以利用波阻抗确定。一旦场 $H$ 确定了，场 $B$ 可以利用下面的关系式计算

$$B=\mu H \tag{7.4}$$

这里 $\mu$ 是真空中的磁导率，真空中的磁导率为 $4\pi\times10^{-7}$。场 $B$ 的磁通量 $\phi$ 是磁感

应强度 $B$ 乘以环路面积(单位为 $m^2$)。电压通过下式得到

$$V=d\phi/dt \tag{7.5}$$

如果原始的场 $E$ 是有效值,那么电压 $V$ 的值也将是有效值。

**例1** 假设有一个场 $E$,在100MHz时外壳内的 $E$ 为10V/m。场 $H$ 假定为平面波,为10/377=0.027A/m。可以从式(7.4)得到场 $B$ 的磁感应强度 $B=3.33\times 10^{-8}$T。如果耦合环路面积为 $0.01m^2$,那么磁通量为 $3.33\times 10^{-10}$Wb。感应电压的值为 $2\pi f$ 乘以磁通,为0.2V。

**例2** 当一个ESD脉冲从一个10cm长的孔到达10cm外壳。外壳附近 $10cm^2$ 的环路的感应电压有多大?假设一个5A的脉冲,根据上升时间推出频率为300MHz。因为 $2\pi rH=5A$,$H$ 等于7.96A/m。$B$ 等于 $10^{-5}$T。在300MHz时,半波长为0.5m。波通过孔衰减了5倍。场 $B$ 在外壳内的强度为 $0.2\times 10^{-5}$T。磁通量为 $0.2\times 10^{-8}$Wb。在300MHz时感应电压为3.7V。如果这个电压增加到逻辑电平,可能将损坏集成电路。

## 7.17 垫圈

导电垫圈经常用来密封孔。当垫圈受到压力时,使得它与这个孔导体之间的接触越来越多,从而密封孔。垫圈可以为不同宽度的带状。一些垫圈是带有锋利边沿的粗辫状金属的形式。这种类型的垫圈可以放置在预留槽连接两个金属部件。当金属部件组装好后,这个垫圈密封了孔。

---

**注意** 表面处理就是正确安装垫圈的关键。

垫圈经常在安装时变形。当设备维修需要更换时,垫圈也需要更换。

垫圈材料的屏蔽有效性由制造商来提供。屏蔽有效性是放置垫圈前后的场穿透性的比值。制造商应该提供信息来进行测试。

---

金属网是一种可用的屏蔽材料。为了密封一个孔,这个网必须在孔的周围连接。因为网易损坏,当它损坏时不要使用。

## 7.18 金属簧片屏蔽条

一种形式的垫圈是金属簧片屏蔽条。经常需要屏蔽门周围的孔。门上的缝隙一般较长，因此需要在门和门框之间做许多连接。金属簧片屏蔽条可以提供许多并行的连接。如果单个连接很深，这个开口具有波导的特性。通常铍铜片之间的连接大约为0.25in，间距为8in。这个簧片应该放置在一个折叠的盖内，保证这个簧片不缠住网。

## 7.19 玻璃孔

薄的导电层可镀在玻璃上以衰减电磁波。不幸的是，这些导电材料也会使光衰减。因此，任何解决方案都是一种折中。玻璃的边沿与其周边的导体必须接触，以便这个玻璃孔可以牢固密封。

一个好的丝网嵌入玻璃可以阻挡辐射，并且必须在丝网周围的边沿有接触以密封这个孔。如果这个丝网用来遮盖计算机显示器，莫尔条纹会使这个方案无效。

**注意** 如果光学路径包含了超越截止值的波导，辐射可以在任一方向得到有效的控制。

如果开口为10in宽，一个10in长的罩连接到这个开口，能够提供30dB的场使之衰减到1GHz。

## 7.20 大型晶体管保护

电源器件的集电极或者漏电极经常连接到晶体管的外壳封装。当这些器件用来处理大功率电力的时候，必须有合适的散热方式。一种方式是把这些晶体管安装在一个大的导体表面上。为了避免电连接，在晶体管和这个面之间添加一个薄的绝缘垫圈。为了增加热传导区域，需要将一层薄薄的导热膏涂抹在垫圈上。

从晶体管封装到导体表面的电容能够使电流在设备地系统中流动。为了限制这个电流，安装垫圈可以是两边绝缘的金属。这个金属垫圈形成了保护屏蔽，能够连接到电路公共端。寄生电流的大部分分流返回到电路而不是向外进入设备中，如图7.8所示。垫片周围的漏电容可能只有5pF，在没有保护时可能是50pF。如果电路的布置使得漏电极和集电极在地电势，就不需要这个保护。

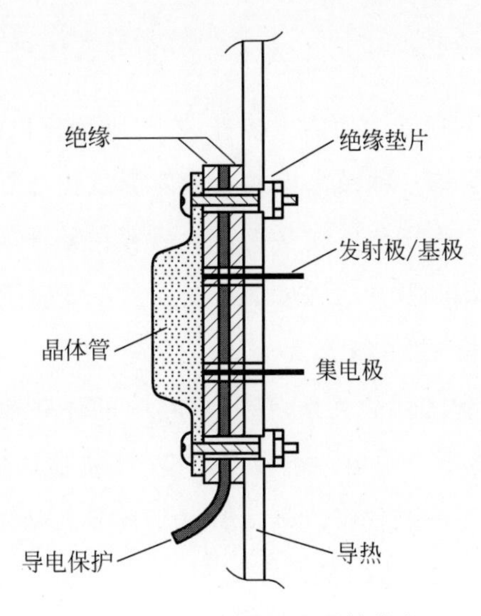


图7.8　保护垫圈用在晶体管中

## 7.21　表面安装元件

在工作频率为高频时，趋肤效应使电流在导体表面流动。当元件安装在导体表面时，与导体表面的结合方式很重要。如果电流必须集中在几个点，这就是电感性连接。在低频时，这个电感不用考虑。在几兆赫兹的频率时，这个电感通过引入反馈或者串扰耦合影响元件的性能。要认识到，如果有选择，就尽量不让流动电流集中。举个例子，一个元件铆接在某位置上和元件焊接在某位置上的作用是不同的。

元件封装的外表面流动的电流只能通过外壳上的孔进入元件。这是因为高频电流不能通过其他方式进入封装内。

电路中电流需要急剧改变方向时，该电路具有电感性。平缓的过渡比急转弯的改变使电路的电感要小。在某些情况下，一个导体粗糙的表面可以通过趋肤效应增加电感。制造商通常会为元件提供可接受的导体几何形状的信息。如果这些信息包括表面和接触质量，应该遵循这些建议。

## 7.22 辐射测试仪

辐射测试仪是产生高压脉冲的测试装置，这些脉冲可以用来测试硬件的辐射敏感性。有两种操作模式：第一种操作模式是辐射测试仪探针连接到硬件，一个脉冲电流从探针尖进入硬件；第二种模式是探针尖放置在硬件附近，辐射测试仪在导体表面产生电弧。脉冲频率和脉冲的强度都是变量。在接触模式时，场 $H$ 在注入点附近占主导地位。在电弧模式时，场 $E$ 是主导。

辐射和敏感性之间有密切的关系，都与电路中的环路面积有关。一般来说，器件对辐射不敏感，它可能不会辐射。可以在电缆、连接器、接缝、显示器和控制器的点上使用探头进行测试。测试程序应该以 1000V 的步长从 1000V 测试到 15 000V。7000V 左右的中间值很重要，这时的场能量可能是峰值。无论在任何时候，如果测试过程中有单元故障，正确的做法是停止测试，进行维修。

如果进行测试的器件处于绝缘或隔离状态，应该提供一个放电路径。这样做可以保证在重复的脉冲中没有电荷积累。一个 100MΩ 的电阻能够提供一个适当的放电路径。如果没有这个路径，会损坏与敏感性测试无关的电路。例如，变压器供电的硬件如果不提供放电路径将不会放电。电池供电的硬件也需要放电路径，否则这个硬件将承担辐射测试仪的电势。

## 7.23 屏蔽室

术语“屏蔽”和“护罩”通常可互换使用。屏蔽可以反射射频能量，但对磁场没有影响。为了反射近场磁场，需要厚厚的钢层。钢既可以是建筑结构，也可以是防护罩，当需要时也可是固定的器材设备。钢制的房间可以提供一个零电场的空间，以便进行实验、工艺或测量。这些房间也可以在对物体进行敏感性测试时限制辐射。无论是什么应用，书中讨论的原则都很详细且适用。

电气管道不应该沿着屏蔽室的外墙进行铺设。设备的电源线、配电板、风扇和电动机也不应该位于屏蔽室附近。请注意，设备接地电流不能流经房间的墙壁、地板或天花板。处理方法是将房间的所有金属和电气连接限制在一个区域，这个区域是设备接地和电源进入房间的地方。任何通风管道都必须与屏蔽室的墙壁绝缘，并且空气通道应该通过一个蜂窝过滤器，该过滤器与墙壁需要适当地黏合在一起。地面还必须与建筑钢材进行绝缘。进入房间的线路可以采用屏蔽电缆，只要开口没有缝隙。如果使用光纤，支撑线不应该通过缝隙带入房间。如果在壁上开一个孔，可以通过扩大孔径的深度，使其成为超出截止范围的波导。任何导体穿过这个孔都会破坏房间的屏蔽完整性。

使用屏蔽室的用户应该知道，辐射硬件附近的场通常是近场。当这些场具有低波阻抗时，它们更容易穿透房间的墙壁。建议辐射源远离墙壁以限制近场穿透。

---

**注意** 在屏蔽室应关闭所有手机。

---

# 附录A

# 分 贝

在工程中有许多参数可以延续数十年。例如，电压从微伏延伸到兆伏，这超过了12个数量级。在描述参数的时候，通常使用对数刻度比使用线性刻度更方便。在电话通信技术研究的早期，工程师需要一个对数刻度描述声音水平。例如，噪声水平是毫伏，而信号电平为伏特。此时的功率比是1 000 000∶1。使用对数刻度处理并将其作为一个单位，这是很方便的[①]。这个单位必须同时适用于噪声信号和语音信号。已经证明的是将两种信号的功率比取对数，然后乘以10时就是这样的一个单位，它适用于所有电平信号。为了纪念电话发明家贝尔先生，这个单位被称为分贝。分贝的定义公式是

$$1\text{dB}=10\lg\left(\frac{P_1}{P_2}\right) \tag{A.1}$$

其中，$P_1$ 和 $P_2$ 是电平功率。如果信号电平用在同一电阻器上测量得到的电压来表述，那么比率可以写成如下公式

$$1\text{dB}=10\lg\frac{(V_1)^2R}{(V_2)^2R}=20\lg\left(\frac{V_1}{V_2}\right) \tag{A.2}$$

分贝可以缩写为dB。对于经常使用这个公式的人来说，他们知道6dB是2的因数，20dB是10的因数，负分贝意味着相除。举例来说，−6dB是对0.5取对数的结果或者是对1/2取对数的结果，−20dB是对0.1取对数的结果或者是对1/10取对

① 一个数与基数10的对数是10的指数，等于这个指数。例如，100的对数是2，因为 $10^2=100$。2的对数是0.301 03，因为 $10^{0.301\,03}=2$。注意，20lg2通常四舍五入为6dB。

数的结果。50 是 100 除以 2 的结果，用分贝表示就是 40dB，是 6dB 和 34dB 相加所得。这需要勤加练习。

在场测量中，这个单位可以是伏特、安培、瓦特。事实上，分贝可以应用于非电学参数，例如米。这意味着单位经常与分贝相关联。这是一个标准：20dB V 意味着 10V，6dB V 意味着 2V。重要的是要知道 0dB 意味着 1 的因数。没有 0V 的分贝表示，因为零的对数是负无穷大。

参数 $P_2$ 或 $V_2$ 称为参考参数，可以是瓦特或伏特、毫瓦或毫伏、兆瓦或兆伏的单位。如果参考参数为毫伏，那么 20dB mV 意味着 10mV。参考参数必须声明，否则分贝没有实际含义。有一组缩写已经成为标准。同样的，读者需要花费精力才能熟悉这种表述的使用。表 A.1 是若干个标准的缩写单位。

**表 A.1　若干个标准的缩写单位**

| 单　位 | 单位说明 | 参考参数 |
|---|---|---|
| dB V | dB volts | 1V |
| dB mV | dB millivolts | 1mV |
| dB mW | dB milliwatts | 1mW |
| dB μV | dB microvolts | 1μV |
| dB V/MHz | dB volts per megahertz | 1V/MHz |
| dBrn | dB reference noise | −90dB W |

分贝通常表征功率比。当单位是伏或安培时，使用式(A.2)；当单位是功率时，使用式(A.1)。当单位是欧姆或者米之类的参数时，很明显功率表示不再适用。在这些情况下，分贝一词表示 20lg$A/B$ 对数刻度。许多其他需要对数刻度的学科已经适应了分贝的使用。一个例子是街道铺设规范，粗糙度是用分贝英寸描述的。参考参数为英寸，这与功率几乎没有任何关系。此时可以使用式(A.2)表示。

附录 B

# 参考文献


[1] Archambeault B R. PCB Design for Real World EML Control. Massachusetts，Norwell：Kluwer Academic Publishers，2002.

[2] Barnes J R. Electronic System Design and Noise Control Techniques. New Jersey，Hoboken：Prentice Hall，1987.

[3] Hall S H，Hall G W，McCall J A. High-Speed Digital System Design. New Jersey，Hoboken：Wiley，2000.

[4] Harper C. High Performance Printed Circuit Boards. New York，New York：McGraw-Hill，2000.

[5] Johnson H，Graham M. High-Speed Digital Design. New Jersey，Upper Saddle River：Prentice Hall，1993.

[6] Martens L. High-Frequency Characterization of Electronic Packaging. Massachusetts，Norwell：Kluweri Academic Publishers，1998.

[7] Morrison R. The Fields of Electronics. New Jersey，Hoboken：Wiley，2002.

[8] Morrison R. Digital Circuit Boards：Mach 1GHz. New Jersey，Hoboken：Wiley，2012.

[9] Morrison R，Warren Lewis. Grounding and Shielding in Facilities. New Jersey，Hoboken：Wiley，1990.

[10] Henry W O. Noise Reduction Techniques in Electronic SystemS. 2nd Ed. New Jersey，Hoboken：Wiley，1988.

[11] Douglas C S. High-Frequency Measurements and Noise in Electronic Circuits. New Jersey，Hoboken：Wiley，1993.

# 图书资源支持

感谢您一直以来对清华大学出版社图书的支持和爱护。为了配合本书的使用，本书提供配套的资源，有需求的读者请扫描下方的“书圈”微信公众号二维码，在图书专区下载，也可以拨打电话或发送电子邮件咨询。

如果您在使用本书的过程中遇到了什么问题，或者有相关图书出版计划，也请您发邮件告诉我们，以便我们更好地为您服务。


**我们的联系方式：**

地　　址：北京市海淀区双清路学研大厦 A 座 701

邮　　编：100084

电　　话：010-83470236　010-83470237

资源下载：http://www.tup.com.cn

客服邮箱：tupjsj@vip.163.com

QQ：2301891038（请写明您的单位和姓名）


教学资源・教学样书・新书信息

人工智能科学与技术
人工智能|电子通信|自动控制

资料下载・样书申请

书圈

**用微信扫一扫右边的二维码，即可关注清华大学出版社公众号。**